基礎物理学実験
2024

大阪大学物理教育研究会 編

学術図書出版社

責任者リスト

編集責任者：山中 卓，福田 光順

序　論　福田 光順

基礎編　福田 光順

部門A　村川 寛

部門B　佐藤 朗

部門C　木田 孝則

部門D　吉田 斉

部門E　渡邊 浩

部門F　三原 基嗣

　この歴史ある教科書は，多くの物理学科や関係者の方々の努力で今の形になってきている．この教科書のそれぞれの文章は，その方々の知識と努力の結晶である．その方々に感謝し，ここでは，現在の文章に責任を持っていただいている方々の名前のみを記す．

目　　次

第3編 テーマ別専門実験編   57

部門 A   力 学   58

部門 B   電気測定   68

部門 C   減衰振動   87

第1編＝序　論

I.　はじめに

　わたしたちの身の周りには様々な自然現象があふれている．雨上がりに空を見上げれば虹がかかり，夜になれば月がでて星がまたたく．子供の頃から慣れ親しんだ自然現象である．そして，なぜこのようなことが起こるのだろう？と誰しも一度は不思議に思ったことがあるだろう．もちろん，このテキストを手にする君たちは，このような自然現象が物理学の法則で説明できることを知っている．

　ただ，ここで忘れられ勝ちなことだがとても大切なことがあることに気づいて欲しい．それは自然現象の謎を解き明かすこれらの物理学の法則は，突然，いわゆる天才の頭の中に閃いたわけではないということだ．物理学の法則が導かれるまでに，そのときどきで不思議と思われていた自然現象について，様々な道具を用いて測定や観測が行われてきた．広い意味での実験だ．時には道具そのものを工夫して作りあげることも必要だった．たとえば惑星などの天体の運行を調べるためには，天体の位置を測定する道具が必要だった．そして長い年月にわたる測定が積み重ねられ，やがて測定結果を説明するためにいろいろな仮説がたてられ，そしてついに力学の法則が導かれたのだった．物理学は実験から始まるといっても過言ではないだろう．

　さて，このテキストを手にとってみると，力学，電磁気学など，様々な内容が盛り込まれている．詳しく見ると難しいと思う人もいるだろう．複雑そうな数式がたくさん現れる実験もある．しかし，ひとつひとつの実験項目では，「自然現象について測定を行い，その実験結果が簡潔明瞭な自然法則によって説明できる」という物理学の楽しさが味わえるように考えられている．

　現代の物理学の研究対象は素粒子・原子核，宇宙，そして物性・化学・生物へと多岐にわたっている．そして，たとえば物性物理における実験の成果として，身の周りにある最新の電子機器が生み出されている．このような最先端の研究では，最新の様々な実験装置が利用されて測定が行われている．物理学に限らず他の実験系分野でも同じだろう．このような高度な実験を行うためには，やはり勉強と同じでまず基礎を学んでおかなければいけない．この基礎物理学実験で学ぶことは，自然を実験によって探求するための一つの基礎となるわけだ．

　さあ，それでは**実験道具を手にして始めよう**！

II.　実験の手順

　実験は「不思議な現象が何故起こるかを調べる」ために行われる．実験は，私たちのまわりにある自然のわからない点を，実際に調べることによって明らかにするという**目的**がある．ただ，やみくもに調べても目的の自然現象を理解することはできない．そのために，「どんな考え方を基にして」「どのような装置を使って」「どんな方法で」調べるかを決めなければいけない．これらをそれぞれ，**実験理論**，**実験装置**，**実験方法**と呼ぼう．

　測定された測定データを眺めているだけで自然が理解できるわけではない．これらの**測定結果**は理論に従って**整理**，**計算**することによって初めて自分たちが見たい結果に導かれる．それらの結果を目的と比較検討することによって，自分たちの理解が正しかった，修正が必要だ，等，自然に対して理解が深まっていくわけだ．この最後の**考察**があって，初めて実験が意味を持ってくる．

　自己満足で終わるならこれで実験は終了として良いが，自分たちが得た結果を他の人に伝える

という作業があって初めて，実験結果は多くの人の共通の財産になっていく．これが**発表**であり，文書にした場合が**レポート**や**論文**である．

　この基礎物理学実験は，実験の基礎を学ぶことが目標だ．上に述べた実験の手順を良く理解し，その手順に従って実験を習得していって欲しい．

　以下にこれらについて，知っておいて欲しい点を纏めるのでしっかり読んで欲しい．

1.　実験の理論と実験計画

　実験目的にそって実験を行うためには，物理的な知識が必要だ．実験をする前にそれらの考え方を自分の物にしなければ良い実験はできない．

　つぎに，無理も無駄もなく能率的な操作を行うために実験計画を練ろう．与えられた実験器具の利用価値をより増大させるには，どれをどの部分に活用すべきか．余計な繁雑さを避けるには，実験台上に器具をどう配置すべきか．一連の測定をどのような順序で行うのが，目的の結果を得るのに最も適切か．比較的重要な測定はどれか．「基礎物理学実験」の授業では，これらの事柄はある程度テキスト本文に示されているのだが，実際に当たって，実験者各自が良く理解し考えておくことが大切である．計画のためには予備実験を必要とすることもあり得る．綿密な計画ほどよい結果を得るのは当然である．

2.　器具・装置と精度・誤差

　実験装置といっても様々である．どうやって選んだらよいだろう．たとえば長さを測ることを考えよう．2m近い長さのピアノ線を測るのに，10cm定規を使うことがあまり利口なやり方でないことは，皆さんも容易に理解できるだろう．こういう場合は実験室にある2mの長さの金属製の物差しを使えば良い．

精度

　測る物の大きさ以外にも大切な要素がある．それは，**精度**である．およそ，物理実験とは量の測定の組合せである．量の測定には必要精度をあらかじめ定めることが大切である．たとえば，1/1,000程度の精度を求められた「長さ数メートル，直径数ミリの針金の体積測定」を想像しよう．針金の長さの測定には1/10mmの測定ができる普通の定規で十分である．ところが直径測定には1/2000mm程度まで読むことができる特殊な測定器具が使用されなくてはならない．このように実験を行うには，実験器具の選択や装置のセットに細心な心配りと十分な配慮が必要である．実験ではこの種の考察がとても大切で，仮にも「牛刀を以て鶏を割く[1]」の愚を演じてはいけない．

誤差

　では，うまく実験器具を選べば私たちは真の値を得ることができるのだろうか．上の例で針金の長さが2,000.3mmと測れたとしよう．では，この2,000.3mmという数値は真の値だろうか？針金が少し曲がっているかも知れない．ペンチで切った針金の端がとんがっていたとしたら，どこが端かちゃんと認識できているだろうか？物差しなどの目盛りの10分の1は目分量で読み取

---

[1]　「小さな鶏をさばくのに大きな牛を裁く牛刀を使うとうまくいかない．」の意味から，「物事を扱うのにはそれに見合った適当な道具を用いるのがよい」という，適用の誤りをただすたとえ．出典論語

る場合があるのだから，見方などの具合によって変化しそうである．このように，測定によって得られた値にはある程度の (大きさを見積ることのできる) 不確かさが含まれている．このような不確かさを**誤差**と呼ぶ．

測定器具は剛体ではない

採用された実験器具は，常に最適の状態で活用されなければ，期待通りの性能を発揮できない．故障の有無，部品が足りているかなどは常に注意してチェックしておく必要がある．さらに器具の運搬，配置などにも細やかな心遣いが欲しい．当然，**器具の運搬は両手によることを原則とする**．同時に，実験装置は安全に，正確に作動できるように配慮する必要がある．たとえば，机の端に計測器械を配置したため，そのかたわらを通った人が，衣服に引っかけてこれを落したというような例は，配置の不適切による事故といわねばならない．

実験装置は，その時実験をしている者だけの物ではなく，実験をする人全員の共有財産である．仮に壊してしまった場合は，こっそり隠すのではなく実験指導者に申し出て，速やかに修理できるようにしなければならない．同時に，実験終了時には実験装置が壊れていないか，次の人がちゃんと使うことができるようになっているかなどをチェックし，実験前の状態に戻すように心がける必要がある．故障箇所を発見したときは実験指導者に報告して，器具を取り換えてもらうこと．

3.　実験ノート

実験者は各自，キャンパスノートのような，各ページがばらばらにならない「実験ノート」を一冊必ず用意し (ルーズリーフ，レポート用紙などは適当でない)，実験中のできごと，計算などは細大もらさずこの中に記入する．読み取った数値をありあわせの紙にメモし，後でノートに転写するのは最大の悪習であるから絶対にやってはいけない．

実験実施の日付，時刻，実験者氏名 (共同実験者を含む)は必ず記入する．天候，気圧，室温，湿度等の環境データは，必要に応じて実験日ごとに実験ノートに必ず記録する．測定記録などはノートの奇数頁 (右頁) に，関連計算は偶数頁に記すと，後の点検に便利である．数値には単位を付記することを忘れてはいけない．実験中の観察事項はたとえ一見無関係でも，予知されない素因が潜在するかも知れないので，こと細かにメモするのがよい．使用器具などの大きさ，規格，製造番号などもできる限り記録する．後日の結果チェックに際し，その異常性が，装置によるものか，あるいは，測定そのものについて生じたものかを推考するのに必要となる．

記録には，一度書いた文字が消せないボールペン等を使用する．記入上の誤記は必ず斜線などで訂正し，消した部分が，後にもわかるように保存すること．結果がおかしかったときなどのチェックに有用である．鉛筆書きを消ゴムで消したり，判読できぬように抹消するのはよくない．

このようにして作成した記録は，報告書 (レポート) 作成後も永く保存する習慣をもつべきである．後日，観点をかえて記録を読んだために未知の新事実を発見することもあり得ないことではない．たかが学生実験と侮らず，このような習慣を身につけておくと，将来，自分たちで最先端の実験や観測などを行っていく上で大きな武器になる．

4. 計算・整理

　測定で得られた一連の数値は，計算と整理により系統付けることができる．この場合，実験がどのように組み立てられているかを良く理解し，それを支える論理や方法を十分に知っていることが大切である．

　数値計算には電卓を利用するのが適当である．電卓は貸し出しできるテーマもあるが，各自使い慣れたものを持っているのが望ましい．この場合，電卓に表示 (多くの場合 8 桁以上) された数字のうち，意味がある桁は何桁かを吟味する必要がある (**有効数字の概念**)．このような実験の**誤差や精度**については，基礎実験 1(K-1) で理解して欲しい．

　これらの知識と計算を基に，測定結果の理論的妥当性を検討する．この際，最もよく利用されるのは，**図表 (グラフ)** である．グラフを美しく描くことは，信用できる結果を導くコツでもある．実験者は，適切な 1 ミリ方眼紙と定規は必需品である．基礎実験 3(K-3) では，グラフの活用方法について学ぶ．

　普通，測定が一回限りで打ちきられることはほとんどなく，同質の測定が繰返されて，より正しい結果が得られるものである．しかし，一連の測定において，まず幾回かの反覆測定を終えてから整理にかかる習慣はよくない．それよりも測定が終われば，結果を直ちに図表として表し，グラフの検討をするのがよい．図表に異常を発見したときには，その異常が本質的なものか，あるいは装置の欠陥，操作の錯誤に由来したものかをよく調べてみる．その異常が後者に類するものであれば，原因を特定し修正した後に測定を反覆する．これに反し，反覆測定の後に整理を行う場合は，観測の途中で注意すべき点を見逃すおそれがあり，本質的な異常とそうでないものの選別が難しくなる．

　実験者は step by step という字句を十分にかみしめ，確実な測定を踏んで進むことが肝要なのであり，そのことによってのみ，測定回数の効果的節減を図ることが可能である．

5. 考察・議論そして結論

　実験データやそれから計算や整理によって得られた結果は，それだけでは目的を遂行したことにはならない．それらが示していることを，実験の理論などと照らし合わせて，論理的に説明できるか，おかしな点がないかなどを考察する必要がある．論理的に結果が説明できて，自分が満足できるように説明できれば，実験は成功である．いかに自分が納得できるかである．どこかにしっくり来ない，計算をごまかさないとうまく説明できない，等は，実験のしかたがおかしい，実験方法がそもそも間違っている，等の原因があるはずである．考察を省いて実験は成り立たない．

6. レポートを書く時の注意

　レポートの目的は，実験結果を他の人に間違えなく伝えることにある．したがって冗長なレポートや，必要事項をカバーしない散文的レポートはよくない．可能なかぎり見易く整頓し，誰でも理解できる論理を基本にしよう．直感的な神のお告げのようなレポートは論外である．

　　　　レポートは論理的に書いて誰でもわかるように！

内容が論理的でなければ, 他の人が理解することはできない.

　文章なので, 当然, 国語でよく言われるような文章を書く技も必要である. 重要な部分には誤解を招かぬようアクセントをつけて全体にリズムをつける. 他の人が読むのであるから, 誤字脱字, 意味の通らない文章は最悪である. 必ず読み返し, 自己添削してから提出すること.

　レポートは自分が行った実験結果とそれに対する自分の見解を他の人に示す唯一の機会である. これらのレポートによって, 自分の将来を切り開くこともできる. 他人の文を写して提出するなどは全く言語道断, 問題にもならない. レポートの書き方は, 基礎実験2 (K-2) で実習する.

III.　実験を受ける事務的な手続き (重要)

　ここからは「基礎物理学実験」を受けるための事務的な手続きを述べる. 単位を取る上で重要なことなので, 飛ばさずにじっくりと読むこと.

1.　学生教育研究災害傷害保険について

　学生教育研究災害傷害保険 (以下,「学研災」と略す) は, 正課中, 学校行事中, 課外活動中, 通学中または学校施設等相互間の移動中に被った「けが」に対して治療日数に応じて保険金が支払われる全国規模の補償制度で, 大阪大学の学生はこの保険に**全員加入**することになっている.「基礎物理学実験」は, この学研災に加入している者しか受けることができない. 未加入の者は, 至急, 豊中生協事務所または吹田工学部生協事務所で必要書類を受け取り, 加入手続きを行うこと.

2.　オリエンテーション

　オリエンテーションを実験の時間の一番最初に行う. オリエンテーションの場所, 日時などは, 掲示板等に貼り出されるので, 注意して見ておくこと.「基礎物理学実験」のホームページ (http://physcis.celas.osaka-u.ac.jp/) でも同じ情報を見ることが出来る. オリエンテーションに参加しないと, 実験履修上の注意, 実験班の組み分けなどが行えないので, 必ず出席すること.

クラスと班

　クラス分けについてオリエンテーションの中で公表するので, 自分がどのクラスかを確認すること. オリエンテーションの後半には, 各クラスに分かれて実験室に移り, 班の編成をおこなう. 各実験室に教員がいるので, 教員の指示に従うこと. ここで, 実験を行う班 (3名／班) が決まる. 班が決まることで, 登録手続きが完了する. KOAN での登録のみでは, 基礎物理学実験の登録は完了していないので注意すること. 再履修者の登録も同様におこなうが, クラス分けなど必要な情報は CIS にて確認すること.

3.　欠席届

　実験は出席することが単位認定の大前提であるので, 欠席は原則として認められない. **欠席や遅刻は減点対象になる.** しかし, やむを得ぬ理由で欠席する場合には, 理由の詳細を記した欠席届をあらかじめ CIS に提出すること. 欠席届はこのテキストの最終ページにあるので, それを用いること. 所要事項をもれなく記し, 受理者のサインを受けて受理されたことを確認すること.

　病気, けがなどによる治療, 忌引以外は通例理由とはならないが, 本人の意志に関係なく, 休

まなければならない事情が生じた場合は，その事実を証明する書類などを提出することで，忌引きや治療と同等の休みとして扱うことがあり得るので，物理学支援室 CIS (全学教育推進機構実験棟 4 階 462 号室) に相談すること．教務係に欠席届を提出した場合は (病院などが発行する診断書が必要になる)，確認印を押してもらった届けのコピーを上記の欠席届と一緒に CIS に提出すること．これ以外の理由の場合でも，無断欠席は減点が大きいので，欠席するときは必ず，欠席届を CIS に提出すること．欠席理由によっては欠席届は受理されずに，無断欠席と同じ扱いになる場合があるので，注意すること (寝坊によって欠席した等の理由)．

　不意の理由による場合には欠席最終日以後，最初の実験時限に欠席届を出す．

　無理由欠席，無届欠席，早退，遅刻などは共同実験者に多大の迷惑をかけ，かつ単位取得上不利となるから絶対に避けること．緊急の場合以外の電話やメールによる届出は認めない．緊急の場合は，電話やメールにて届けて出た上で，落ち着いた後に正規の方法で届け出ること．連絡先はホームページ[2]で確認しておくこと．

IV.　その他の注意

1.　実験棟

① 　実験棟での行動は静粛に! (他人に迷惑がかかる)

② 　大阪大学では建物内全館禁煙である．当然，実験棟も禁煙である．

③ 　実験室は，4 階，5 階に，CIS は 4 階にある．

④ 　手洗所は男子用は 4 階，女子用は 5 階にある．

2.　実験室

① 　実験室内での**飲食厳禁．禁煙**．

② 　実験中，不必要に談笑することは差控えること．(他の班の迷惑になる)

③ 　**不用の私物を実験台上や通路に放置してはいけない**．(机の下にじゃまにならないようにしまうこと)

④ 　各テーマとも，3 名ないし 2 名 1 組で班を作り指定された実験器具のセットによって共同実験を行う．欠席などで欠員の生じたときには，指導教員に申し出ること．無断で班を移ってはいけない．

⑤ 　指導教員の許可なしに他班の実験器具のセットや部品を流用し，また物品を持ち出してはいけない．

⑥ 　各テーマで「掲示」，「プリント」などによる通知事項があるから，常に，留意するように努めること．

3.　テキスト

　このテキストは実験を受ける学生全員が持っているので，置き忘れたときなどに自分のテキストが判別できるように，表紙の裏の余白を用いて名前を記入しておくこと．

---

[2] ホームページのアドレス：http://physcis.celas.osaka-u.ac.jp/

第2編═基礎実験編

K–1

長さと質量の測定

§1 はじめに

ある朝，体重計に乗ったら針は 70.3 kg を示して止まった．ああ，ついに大台に乗ってしまった！ とため息をつく．そうだ，いまのは見間違いかも知れない，と思い直してもう一度体重計に乗る．針は左右に揺れながら 69.8 kg で止まった．「ほら，大台に乗っていないぞ」今日一日これで元気に過ごせる，と彼は胸をなで下ろす．彼の体重はいったい何キロなのだろう．果たして 70 kg の大台に乗ったのだろうか．あなただったらどう答える？ 彼にとっては結構シリアスな問題なので，ちゃんと答えてあげて欲しい．物理学実験をやっていくと，まさにこのような問題の繰り返しにぶつかる．これが「測る」ということの難しさなのだ．

測定データがばらつくのにはいろいろ原因が考えられる．装置がいい加減な場合もあるだろう．測り方が下手な場合もあるだろう．それらは，それぞれの場合によって原因は異なってくるので，ここではばらつき方について考えてみよう．ばらつき方は次の二つに分けて考えることができる．ばらつきの幅と，ばらつきの中心と真の値との差である．たとえば，彼の体重を 10 回測ったとき次のようだったとする．

70.4, 70.0, 69.8, 70.1, 70.0, 69.9, 70.3, 69.9, 70.1, 70.2 kg

この場合，ばらつきは 69.8 kg から 70.4 kg まで 0.6 kg の幅で分布している．分布の中心は平均すると 70.07 kg になり，小数第 2 位を四捨五入したら 70.1 kg ということになる．ばらつきの幅は ±0.3 kg で，この大きさは毎回の測定の持つ不確定さを表わしており，ばらつきから**誤差**が見積もられる．また，真の体重が 70.0 kg だとすると，平均値の真の値からのずれは 0.1 kg ということになる．このばらつきの幅を**精度 (precision)** といい，真の値からのずれを**正確度 (accuracy)** という．

この測定では小数第 1 位の桁は測定ごとにばらついているが，その値に全く意味がないわけではない．ばらつきが ±0.3 kg くらいあるが，このばらつきを許すと，どの測定値もだいたい 70.1 kg あたりに真の値がありそうだということを示しているので，小数第 1 位の桁にも意味があることがわかる．つまり，小数第 1 位の 1 という数字も有効である．この場合 10 の位 1 の位，そして小数第 1 位の数字まで確かなので，**有効数字 3 桁**ということができる．

この実験では，単純な測定を行って，測定のばらつきを体感し，**誤差**や**有効数字**の意味を理解し，最後に**最小二乗法**という方法で，真の値に近い結果を導く方法を学ぶ．

§2 目的

この実験では，基礎的な物理量である長さと質量の測定を行い，それを用いて物質の密度を導出する．この実験では黄銅製の円柱1つと銅製の円筒3つの測定を行う．この測定を通して誤差や有効数字等の実験の解析において重要な概念を習得する．

§3 理論

(1) 密度

円柱や円筒の体積は，底面積かける高さで求めることができる．密度は質量を体積で割ることで得られる．

円柱

円柱の直径を D，長さを L，質量を M とすると，体積 V と密度 ρ は，それぞれ

$$V = \pi \left(\frac{D}{2}\right)^2 L$$

$$\rho = \frac{M}{\pi \left(\frac{D}{2}\right)^2 L}$$

で与えられる．なお，π に数値を代入するとき 3.14 では有効数字が 3 桁となり，測定値より有効桁数が小さくなる場合があるので注意すること．

円筒

断面積は，円筒の外径を D，厚みを t とすると，$\pi \left(\frac{D}{2}\right)^2 - \pi \left(\frac{D}{2} - t\right)^2$ なので，これを整理して $\pi(D-t)t$ と書ける．この式から内径は測る必要がなく厚み t を測ればよいことがわかる．長さを L，質量を M とすると，

$$V = \pi(D-t)tL$$

$$\rho = \frac{M}{\pi(D-t)tL}$$

となる．

(2) 測定回数と誤差

測定回数は多ければ多いほど，その平均値は真の値に近づくと考えられる．しかし，無限に測定することはできないので，実験できるような回数を決める．この実験の測定では長さと質量をそれぞれ 5 回測定し，平均値をその測定値とする．実験では求めた平均値の誤差も見積もる．誤差の見積もりには，§9.4(4) に説明されている標準偏差を用いる．

体積や密度等の計算で求める物理量の誤差は，長さと質量の測定の誤差を，δD, δL, δt, δM として，20 ページの §9.4(5) の誤差伝播法則を用いることで得られる．この実験で用いる具体的な形は

円柱

$$\delta V = V \sqrt{\left(2\frac{\delta D}{D}\right)^2 + \left(\frac{\delta L}{L}\right)^2}$$

$$\delta\rho = \rho\sqrt{\left(2\frac{\delta D}{D}\right)^2 + \left(\frac{\delta L}{L}\right)^2 + \left(\frac{\delta M}{M}\right)^2}$$

円筒

$$\delta V = V\sqrt{\left(\frac{D}{D-t}\cdot\frac{\delta D}{D}\right)^2 + \left(\frac{D-2t}{D-t}\cdot\frac{\delta t}{t}\right)^2 + \left(\frac{\delta L}{L}\right)^2}$$

$$\delta\rho = \rho\sqrt{\left(\frac{D}{D-t}\cdot\frac{\delta D}{D}\right)^2 + \left(\frac{D-2t}{D-t}\cdot\frac{\delta t}{t}\right)^2 + \left(\frac{\delta L}{L}\right)^2 + \left(\frac{\delta M}{M}\right)^2}$$

$D \gg t$ のときは

$$\delta V \simeq V\sqrt{\left(\frac{\delta D}{D}\right)^2 + \left(\frac{\delta t}{t}\right)^2 + \left(\frac{\delta L}{L}\right)^2}$$

$$\delta\rho \simeq \rho\sqrt{\left(\frac{\delta D}{D}\right)^2 + \left(\frac{\delta t}{t}\right)^2 + \left(\frac{\delta L}{L}\right)^2 + \left(\frac{\delta M}{M}\right)^2}$$

と近似できる.

§4　実験器具

- ノギス
- 上皿自動ばかり
- 黄銅円柱 1 本
- サイズの異なる銅円筒 3 本
- 電卓

§5　測定

　この実験では長さを測定するのにノギスを用いる. ノギスの使用方法は 14 ページの §8 で示す. 質量の測定には一般には電子天秤等が用いられることが多いが, ここでは図 1 のような上皿自動ばかりで金属の円柱と円筒の質量を求める. なお, この実験で使用する上皿自動ばかりの測

図 1

定精度は，0 から 250 g で 5 g，250 g から 1 kg で 10 g である (ただしこの値は JIS 規格に基づく使用公差の値).

　測定する対象は黄銅の円柱と銅の円筒で，外径と高さをそれぞれ 5 回ずつ測定する．また，円筒に対しては厚みも同様に測定する．そのとき，測定箇所によって値が異なる可能性があるので，測定箇所を変化させながら測定し，実験ノートに値を記入する．

　上皿自動ばかりを使うときは，まず零点の補正をするため，何も載せていない状態で指示ばかりの針がいくらを示しているか測定する．そのとき最小目盛りの 10 分の 1 まで読み取るようにする．その値を x とする．その後，円柱をそっと載せて測定する．この値を y とすると，円柱の質量は $y - x$ で与えられる．この操作を 5 回繰り返す．同様のことを円筒に対しても行う．

§6　課題：Basic

問 1　黄銅の円柱の直径，長さの平均値と誤差を求める．平均値を測定値とする．誤差は 20 ページの標準偏差の (K–1.6) 式を用いる．測定値の書き方は，p.17 の §9.3 に示された書き方で表すこと．

問 2　銅の円筒の外径，長さ，厚みの平均値と誤差を求める．

問 3　円柱と円筒の質量の平均値と誤差を求める．

問 4　測定値より円柱と円筒の体積および密度の値とその誤差を求める．体積や密度の誤差を求める際，$\frac{\delta D}{D}$ や $\frac{\delta t}{t}$ などの相対誤差を比較し，どの測定の相対誤差が体積や密度の誤差に大きく影響しているかを定量的に調べて，考察で論じること．

問 5　表 1 に掲載の銅の密度の公称値は 8.96 g/cm^3 である．問 4 で求めた銅の円筒の密度と，この公称値を比較せよ．公称値から明らかにずれている円筒については，その理由を考察せよ．

問 6　銅の円筒 3 本の測定値を用いて体積を横軸，質量を縦軸にとったグラフを作成する．グラフの描き方は，K–3 章の §5 に記載されている注意点を参考にすること．

§7　課題：Advanced

問 7　問 6 のグラフ作成に用いたデータから 22 ページ §10 の最小二乗法により，質量と体積の関係を示す直線の傾き (密度) と y 切片，さらに誤差も求める．

問 8　測定値は有限の誤差を持つため，問 7 のグラフに対して最小二乗法を適用すると，y 切片はゼロでない有限の値になる．得られた y 切片の有限の値が妥当かどうかを，誤差を考えて考察する．

問 9　理科年表等によれば金属の密度は表 1 のようになっている．単位は g/cm^3 である．黄銅は銅と亜鉛の合金であるが，実験より求めた円柱の密度から表 1 を参考にして組成比を求めよ．ただし，合金の体積は混合する前の銅と亜鉛それぞれの体積の和に等しいと仮定せよ．実験値で求めた密度が，亜鉛より小さいまたは銅より大きいなど，表 1 の値と甚だしく異なっているときは原因を考え，原因を取り除いた上で，再実験を行う必要がある．

表1 金属の密度

物質名	密度 (g/cm^3)	測定温度
アルミニウム	2.699	20 °C
ステンレス鋼 SUS304[1]	8.0	
銅	8.96	20 °C
亜鉛	7.13	25 °C
鉄	7.874	20 °C
ニッケル	8.902	25 °C
クロム	7.20	20 °C

[1] Cr 18-20%, Ni 8-11%, その他 Fe

§8 付録1：ノギスの構造と測定原理

ノギスは精密な長さの測定を行う測定器であり，図2のように本尺と本尺にそって動くスライダーからできている．

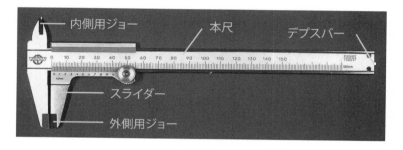

図2

本尺には普通の物差しと同じような目盛が付いており，スライダーには副尺 (バーニヤ) が付いている．副尺には本尺の最小目盛の $(n-1)$ 倍の目盛をとって m 等分した目盛が付けられており (ただし n, m は整数)，本尺の最小目盛の $1/m$ まで読み取ることができるようになっている．

スライダーがたついていたり，ジョーの先端が折れていたりすると，長さが正確に測れなくなるので，**絶対に落とさない**，ふざけて**振り回さない**等の取り扱いの注意が必要だ．

測定法

外径や厚みの測定は，被測定部を外側用ジョーで挟んで行う (図3)．このときジョーの測定面と被測定物が密着するように注意する．なお，内側用ジョーは測定したい部分に差し込んで内径などの測定，デプスバーはくぼみに差し込んで深さなどの測定に用いる．いずれの場合でも被測定部の長さとノギスのスライダーの移動量が一致するようになっている．移動量は，副尺の0の線が指す本尺の目盛りを読むことで行われる (図4中の左側の矢印の位置)．副尺の端が指す値を読むのではないことに注意すること．正確に測るには，ノギスを閉じた状態 (零点) と測定時 (読み取り値) の読みの差を取る必要があるが，ノギスは零点が 0.00 mm を指すように作られているので，一般には読み取り値をそのまま測定値としてよい．しかし，零点が必ずしも正確にあっているとは限らないので，正確さを期す場合は零点の値を測定しておくのがよい．

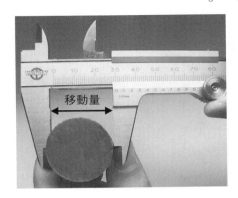

図3

副尺の読み方

図4の副尺には本尺の39目盛の長さを20等分した目盛が付けられており，本尺の最小目盛の1/20まで読み取ることができるようになっている．目盛の読みは本尺上では副尺の0の目盛線が示す位置である．このとき副尺の0の位置は本尺の目盛と一致しているとは限らない．図4の例では6 mmと7 mmの間にある．次に副尺と本尺の目盛が一致している位置の副尺の値を読む（図では0.65）．このとき本尺の読み6 mmに副尺の読み0.65 mmを加えた値6.65 mmがスライダーの移動量となる．

図4

測定精度

一般的に，測定器にはその測定器自身が持つ測定精度がある．この実験で使用するノギスの測定精度は測定値に依らず0.07 mmである（ただしこの値はJIS規格で規定されている最大許容誤差の値）．

§9 付録2：測定誤差

測定誤差について，ここでは出来るだけ実例に即して考えてみよう．

§9.1 誤差評価の必要性

どのような方法を用いるにせよ，何らかの測定を行えば測定値が得られる．例えば，何個かの野球ボールの外周をメジャーで測って平均的な値23.2 cmを得たとしよう．野球ボールが球形と

いう仮定を行えば, 平均的な直径は約 7.4 cm ということになる. 公式試合に使用される野球ボールには規格があり, 外周が 22.9 から 23.5 cm になるように作られている. そのため, 外周の測定値には ±3 mm, 直径では ±1 mm 程度のばらつきが有ってもよいことになる. 別の例として, 精密機械の部品として使用される金属球の直径をノギスで何個か測定し平均的な値 7.4 cm を得たとする. 精密機械に組み込むため精度が要求されるので, 直径のばらつきは僅かであろう (例えば ±0.005 cm 程度). 上の二つの例では, 平均的な直径としてともに 7.4 cm を得たが, 直径のばらつきは大きく違う. したがって, 測定結果の平均的な値を示すだけでは測定の報告としては不十分であり, 平均的な値のまわりのばらつきも重要な測定結果であることが理解できるであろう.

このような測定値の持つばらつきは, 平均的な値と同等あるいはそれ以上に重要な場合がしばしばある. 例に従えば, 野球ボールの持つ直径のばらつきの情報は製品として箱詰めする際の箱の大きさを検討する場合などに必要になるし, 精密機械の部品の直径のばらつきの情報は他の部品との空間的干渉を検討する際に重要である. 上の例で出てきた測定結果は, その測定を行った本人が利用する場合もあるが, 情報を第三者に提供する場合も頻繁にある. 第三者に情報を提供する場合には, 測定の途中経過の情報を正確に伝える術がないので, 平均的な値とともにその値のばらつきの大きさを伝えることがますます重要になる. なお, 上では測定対象自体に起因する測定値のばらつきを例として挙げたが, それ以外に使用する測定器 (例ではメジャーとノギス) の精度や測定する人の熟練度など測定方法に起因するばらつきがあり, その大きさは測定方法に大きく依存する. このような測定自体に起因するばらつきも含めた情報を測定結果として示すのが望ましい.

§9.2 有効数字を用いたばらつきの示し方

では具体的にはどのように測定値の持つばらつきの大きさを示せばよいであろうか. 最も推奨される方法は, §9.4 で説明する**誤差**を評価し用いる方法であるが, ここではもう少し簡便な方法として**有効数字**を用いる方法について説明する. 有効数字の扱い方は諸君も既に習ったことがあると思うが, ここでもう一度復習してみる. 上の例で, 直径の大きさを有効数字を意識して表記してみると, 野球のボールの場合は 7.4 cm, 精密機械の部品の金属球の場合は 7.400 cm となる. ここで注意して欲しいことは, <u>7.4 cm と 7.400 cm は意味が違う</u>ということだ. 7.400 cm の最後に書いてある「00」に意味がある. このように, 意味のある数値を**有効数字** (significant figures) という. そしてこのように測定値の信頼できる数字の数を**有効数字の桁数**と呼んでいる.

上の例で分かるように, 有効数字の桁数はばらつきを含む桁まで測定値を表記することで決まり, 明示的ではないが測定値の持つばらつきの大きさの目安を示している. したがって, 有効数字の桁数を決めるには測定値のばらつきの大きさを評価する必要がある. 先に触れたように, 測定対象が本来持つばらつきに加え, 実験装置の測定感度, 測定条件による誤差, そして値がノイズなどによって揺らぐ場合, いろいろな条件を考慮してその測定による有効数字を決めなければならない.

有効数字の桁数を数えるときには, 位取りを示す左側の 0 は省く. たとえば, 0.005 m と記せば有効数字は 1 桁である. では, 逆の場合はどうだろう. 300 m は有効数字は 1 桁だろうか. そ

れとも3桁だろうか.「0」が意味があるのか, ただの位取りの数字なのかがはっきりしない. そ
こで, これを明確にするために次のような表し方をする.

3×10^2 m ······ 有効数字1桁

3.0×10^2 m ······ 有効数字2桁

3.00×10^2 m ······ 有効数字3桁

§9.3 有効数字と誤差の表し方

上記の有効数字と§9.4で議論する誤差を用いて実験データの測定値とそのばらつきをもっと明
示的に表すには, どの様にしたらよいのだろうか. いくつかのルールがあるのでここにまとめる.

(i) 誤差の表記は1桁もしくは2桁. 上位の数字が1の場合は2桁でそれ以外は1桁というの
が普通の表記の仕方[1].

例：

$$(226.0 \pm 0.5) \ \text{g}$$

$$(8.961 \pm 0.016) \ \text{g/cm}^3$$

(ii) 有効数字と誤差の桁を揃える. 誤差が求まったら, 誤差の桁に有効数字を合わせる[2]. 上の
最初の例では, 誤差が0.5 gで小数第1位まで表記されているので, 測定値の方も226.0 g
と小数第1位まで表記する.

(iii) 計算の丸め誤差が積算しないように, 計算の途中は大きな桁数で行い, 計算の一番最後に
有効数字の桁数に四捨五入を行う.

(iv) この実験では用いないが, 上の例の測定値と誤差を下のように表記する方法もあるので覚
えておくとよいだろう. この表記方法では, 測定値の最後の1あるいは2桁の部分にある
誤差の量を括弧の中に書く.

$$2.260(5) \times 10^2 \ \text{g}$$

$$8.961(16) \ \text{g/cm}^3$$

§9.4 誤差の考え方

(1) 誤差の分類

いかなる機器を利用し, いかなる方法を採用しても毎回の測定値はわずかずつ異なる値が得ら
れる. しかし, 真の値は唯一つに限るはずで, 真の値からのずれは測定値の誤差に起因している.
われわれが測定した値は次のような原因による誤差を含んでいる.

系統誤差： §8のノギスの使い方でノギスの零点がずれている可能性もあると書いた. 零点がず
れたノギスで測定を行い, 零点のずれに気付かず測定値をそのまま使用すれば, 測定結果

---

[1] 誤差の表記を何桁にするかは, 国, 分野や使用目的によって多少の考え方の違いがあり, 常に2桁書くというガイ
ドラインも存在する.

[2] 誤差を2桁で表記した場合は, §9.2で述べた有効数字の考え方には厳密には一致しないが, その代わりに誤差を
用いることで測定値のばらつきを明示的に表現している.

は真の値から零点のずれだけ違ったものとなるだろう．また，ノギスのジョーの測定面と被測定物の密着が十分でないと，実際の長さより長い測定結果となる場合もあるだろう．これらの測定のずれは，ノギスの使い方を改善することで小さくできる．別の例としては，目盛を読むときに1目盛の1/10まで読むのが習慣であるが，個人の読みとりの癖で0.5と読むべきところを0.4と読む人がある．このような誤りは熟練によって少なくなる．また，複数人で測定を行うことによって個人の癖の影響を軽減できる場合もある．ここで述べたような原因による誤差を系統誤差と呼ぶ．

偶然誤差：　全ての系統誤差が取り除かれたのちにも，観測者の支配することのできない要素が入りまじって測定値は真の値のまわりにばらつきをもつ．これを偶然誤差とよぶ．偶然誤差を小さくする方法としては，以下で述べるように多数回測定を行って，その平均値をとる方法が一般的である．

系統誤差はその原因がよく理解できれば，適切な手段によって小さくできる．しかし，偶然誤差はいかに注意しても大なり小なり必ず現れるものである．以後，誤差といえば偶然誤差を意味するものとする．

(2)　度数分布図と平均および標準偏差

　ある量を多数回測定したとき，ある範囲内でちらばった観測値が得られる．この観測値の集団を $a_1 \sim a_2$, $a_2 \sim a_3$, $a_3 \sim a_4$, $\cdots$ の一定幅の区間で分類し，各区間を横軸に，一つの区間内に現れる個数（頻度）を縦軸にとってグラフを描くと図5のような図形が得られる (度数あるいは頻度分布図)．縦軸の頻度の総和は全観測回数に相当する．この度数分布は，測定する量の確からしいと思われる値や，測定値のばらつきの程度を視覚的に表わすものである．

　上記の様に多数回 (例えば N 回) 測定を行った場合，その平均値 m_N を測定結果として採用するのが普通である．平均値 m_N は，i 回目の観測量を x_i と書くと次式で表される．

$$m_N = \frac{\sum_{i=1}^{N} x_i}{N} \tag{K–1.1}$$

この式から分かるように，m_N の値は N の値によって変化するが，測定を無限回繰り返せば真の平均値 m に近づくと考えられる．

$$m = \lim_{N \to \infty} m_N \tag{K–1.2}$$

測定でもう一つ大事な量は，測定値のばらつき σ(標準偏差) である．一回一回の観測量 x_i の誤差

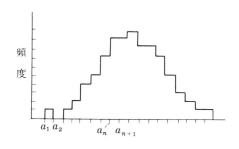

図5

の量を表記する場合には，$x_i \pm \sigma$ のように，この σ の値を採用するのが慣例である．標準偏差 σ は次式で表される[3]．

$$\sigma = \lim_{N \to \infty} \sigma_N \qquad \sigma_N = \sqrt{\frac{\sum_{i=1}^{N} (x_i - m)^2}{N}} \qquad (\text{K–1.3})$$

$x_i - m$ を i 番目の測定値のずれと考えれば，σ および σ_N の値はずれの二乗の平均の平方根であるから，誤差論ではこの σ および σ_N のことを平均二乗誤差 (root mean square error) とよぶ場合がしばしばある．

(3)　平均値の誤差

偶然誤差を小さくするには多数回測定を行い，その平均をとる方法が一般的であると (1) で述べた．これは，(K–1.2) 式の m の定義からも明らかであろう (測定回数 N が大きくなれば平均値 m_N の値は m に次第に近づく)．測定回数 N の増加に伴って平均値 m_N の誤差 σ_{av} がどのように小さくなっていくかは，(5) で後述する誤差伝播法則を用いれば次式のように表される．

$$\sigma_{\text{av}} = \sqrt{\sum_{i=1}^{N} \left(\frac{1}{N} \sigma \right)^2} = \frac{\sigma}{\sqrt{N}} \qquad (\text{K–1.4})$$

この結果を見ると，平均値の標準偏差 σ_{av} が小さくなることで測定の精度が向上し，多数回測定する手間は報われることがわかる．ただし，測定誤差低減の度合いは，4 回の測定で 1/2，100 回の測定で 1/10，10,000 回の測定でようやく 1/100 というように，測定回数の増加に伴って比較的ゆっくりとしか改善しないことがわかる．

(4)　有限回の観測の場合の誤差

(K–1.2) 式からわかるように，物理量の真の値に相当する平均値 m を求めるには無限回の観測が必要であり，現実には m の値を得るのは不可能である．そこで，現実の観測では m_N の値を N 回の観測により得られる m の**最良の推定値 (最確値)** と考え，物理量の観測結果として採用する．

同様のことが標準偏差 σ についても起こる．(K–1.3) 式から分かるように，σ の値を得るためにも無限回の観測が必要であり，それは不可能である．また，σ_N の計算式には，その値を知ることが出来ない平均値 m が含まれ，計算自体が実行出来ない．単純に考えると，(K–1.3) 式の σ_N の計算式中の m を m_N で置き換えればよいと思うかも知れないが，この場合の σ の最良の推定値はそれとは異なり次の式で表される[4]．

$$\sigma = \sqrt{\frac{\sum_{i=1}^{N} (x_i - m_N)^2}{N - 1}} \qquad (\text{K–1.5})$$

(K–1.3) 式と比較すると，平方根の中の m が計算可能な m_N で置き換えられ，分母の N が $N-1$ で置き換えられている．(K–1.5) 式で用いた N 回観測したときの平均値 m_N は，実は $x_i - m_N$ の二乗の和が最小となるように選ばれている．そのため，その和の値が $x_i - m$ の二乗の和より小さくなる傾向があり，より良い σ の推定値を得るには，分母の N を $N-1$ で置き換える必要がある．この $N-1$ は観測データが持つ自由度の数 N_{dof}(number of degrees of freedom) と考

---

[3] 一般的に σ_N も標準偏差とよぶ場合がある．
[4] (K–1.3) 式と (K–1.5) 式の σ は異なるものなので別の記号を用いるべきだが，通常の観測結果の解析では (K–1.5) 式が採用されるので，ここではあえて同じ記号とした．

えることができる．N 回の観測データは元々 N 個の自由度を持っているが，平均値 m を推定するためにはデータの平均値を用いる必要がある．この m の推定のために 1 自由度が消費され，残る自由度が $N-1$ となったと考えればよい．一般に，(K–1.5) 式のように有限回数の観測から σ の値を見積もる式では，平方根中の分母にはこの N_{dof} があらわれる．

(K–1.5) 式を σ の最良の推定値として (K–1.4) 式に代入すると，次の式が得られる．

$$\sigma_{\mathrm{av}} = \frac{\sigma}{\sqrt{N}} \simeq \sqrt{\frac{\sum_{i=1}^{N}(x_i - m_N)^2}{N(N-1)}} \tag{K–1.6}$$

(K–1.4) 式との大きな違いは，この式の計算は観測データのみを用いて行える点である．そのため，観測結果の解析では，この式を平均値 m_N の誤差として採用するのが一般的である．

(5)　間接測定と誤差伝播 (ごさでんぱ) 法則

長さを物差しで測ったり電圧を電圧計で読む場合のように，読みとった値そのものが求められている観測値である場合を直接測定 (direct measurement) と呼ぶ．これに対し，密度のように試料の質量と体積を別々に測定し，その比をとることによってはじめて結果が得られるような場合は，間接測定 (indirect measurement) と呼ばれる．

この実験では，長さと質量の測定を行い (直接測定)，その結果を用いて体積と密度を計算する (間接測定)．一般の実験でも，直接測定された物理量から，いろいろな理論を用いて間接的に目的の物理量を得る場合がある．直接測定の物理量はそれぞれ誤差を持っており，間接的に得た物理量もそれに起因する誤差があるはずである．ここでは，間接測定の誤差を求める方法について説明する．

まず簡単な例として，2 つの物理量 x と y を測定し，それを元に目的の物理量 $z = f(x,y)$ を得る場合を考えよう．ここで，$f(x,y)$ は x と y を変数に持つ任意の関数である．この実験で行う円柱 (直径 D，長さ L) の体積 V の間接測定の場合だと

$$x = D, \quad y = L, \quad z = V, \quad z = f(x,y) = \pi \left(\frac{x}{2}\right)^2 y$$

と考えればよい．物理量 x と y のそれぞれの誤差 (標準偏差) を σ_x と σ_y とすれば，間接測定で求まる z の誤差 σ_z は次のように近似できる．

$$\sigma_z \simeq \sqrt{\left(\frac{\partial f}{\partial x}\sigma_x\right)^2 + \left(\frac{\partial f}{\partial y}\sigma_y\right)^2}$$

ここで，見慣れない微分記号 $\dfrac{\partial f}{\partial x}$ と $\dfrac{\partial f}{\partial y}$ が出てくるが，これは偏微分と呼ばれる微分を示し[5]，その計算方法については後述する．

もっと一般的に，多数の物理量 $x_{\mathrm{a}}, x_{\mathrm{b}}, x_{\mathrm{c}}, \cdots$ をそれぞれ独立に測定し，その結果を用いて間接的に目的の物理量 y を計算で求める場合を考えよう．目的の物理量と測定した物理量の関係は $y = f(x_{\mathrm{a}}, x_{\mathrm{b}}, x_{\mathrm{c}}, \cdots)$ という関数で表せるとする．先ほどと同様に，物理量 y の標準偏差 σ_y は

---

[5] これに対して $\dfrac{\mathrm{d}f}{\mathrm{d}x}$ などと表記される微分は常微分と呼ぶ．

以下のように表される.

$$\sigma_y \simeq \sqrt{\left(\frac{\partial f}{\partial x_\mathrm{a}}\sigma_\mathrm{a}\right)^2 + \left(\frac{\partial f}{\partial x_\mathrm{b}}\sigma_\mathrm{b}\right)^2 + \left(\frac{\partial f}{\partial x_\mathrm{c}}\sigma_\mathrm{c}\right)^2 + \cdots} \tag{K--1.7}$$

ここで，$\sigma_\mathrm{a}, \sigma_\mathrm{b}, \sigma_\mathrm{c}, \cdots$ は，それぞれ $x_\mathrm{a}, x_\mathrm{b}, x_\mathrm{c}, \cdots$ の誤差である．この式が，直接測定する物理量が互いに独立な場合の，一般的な誤差伝播法則を示す.

なお，この実験では長さと質量の直接測定を複数回繰り返して平均をとり，その平均値を密度の間接計算に使用する．この場合には，平均をとることで直接測定の誤差は小さくなっているので，(K--1.7) 式の $\sigma_\mathrm{a}, \sigma_\mathrm{b}, \sigma_\mathrm{c}, \cdots$ として用いるべき誤差は，(K--1.6) 式のように計算される $\sigma_{\mathrm{av(a)}}, \sigma_{\mathrm{av(b)}}, \sigma_{\mathrm{av(c)}}, \cdots$ であることに注意せよ.

偏微分の計算方法

複数の変数 $x_\mathrm{a}, x_\mathrm{b}, x_\mathrm{c}, \cdots$ に依存する関数 $f(x_\mathrm{a}, x_\mathrm{b}, x_\mathrm{c}, \cdots)$ の x_a についての偏微分 $\dfrac{\partial f}{\partial x_\mathrm{a}}$ は次にように定義される.

$$\frac{\partial f}{\partial x_\mathrm{a}} = \lim_{\Delta_\mathrm{a} \to 0} \frac{f(x_\mathrm{a} + \Delta_\mathrm{a}, x_\mathrm{b}, x_\mathrm{c}, \cdots) - f(x_\mathrm{a}, x_\mathrm{b}, x_\mathrm{c}, \cdots)}{\Delta_\mathrm{a}}$$

他の変数 $x_\mathrm{b}, x_\mathrm{c}, \cdots$ による偏微分も同様に定義される．上の定義を見る限り普通の微分 (常微分) と大差ないことが分かる．具体的な関数 f の x_a による偏微分の計算は非常に単純で，<u>x_a 以外の変数を定数とみなし，常微分を行う要領で微分操作を行えばよい</u>．以下に計算例を示す.

（ⅰ）　$f(x,y) = x^2 + xy - y^3$ 　　$\dfrac{\partial f}{\partial x} = 2x + y$ 　　$\dfrac{\partial f}{\partial y} = x - 3y^2$

（ⅱ）　$f(x,y) = x\sin y^2$ 　　$\dfrac{\partial f}{\partial x} = \sin y^2$ 　　$\dfrac{\partial f}{\partial y} = 2xy\cos y^2$

（ⅲ）　$f(x,y) = x\ln y$ 　　$\dfrac{\partial f}{\partial x} = \ln y$ 　　$\dfrac{\partial f}{\partial y} = \dfrac{x}{y}$

誤差伝播法則の計算例

以下に誤差伝播法則の実例を示す.

（ⅰ）　$f = ax_1$ 　　　　　　　　　$\sigma = a\sigma_1$

（ⅱ）　$f = x_1 + x_2$ 　　　　　　　$\sigma = \sqrt{\sigma_1^2 + \sigma_2^2}$

（ⅲ）　$f = a_1 x_1 + a_2 x_2 + a_3 x_3 + \cdots$ 　　$\sigma = \sqrt{(a_1\sigma_1)^2 + (a_2\sigma_2)^2 + (a_3\sigma_3)^2 + \cdots}$

（ⅳ）　$f = x_1^l \cdot x_2^m \cdot x_3^n \cdots$ 　　$\sigma = f\sqrt{\left(l\dfrac{\sigma_1}{x_1}\right)^2 + \left(m\dfrac{\sigma_2}{x_2}\right)^2 + \left(n\dfrac{\sigma_3}{x_3}\right)^2 + \cdots}$

(ⅳ) の例のようにように，結果を求める式の中で大きなべき乗 (たとえば 2 乗, 3 乗) で入ってくる物理量ほど結果の誤差に大きく寄与することがわかる.

(ⅲ) の特別な場合として $x_1, x_2, \cdots, x_N$ を標準偏差 σ の誤差を持つ同一の物理量の観測値とし，f をその平均値にすると，

$$f = \frac{1}{N}(x_1 + x_2 + \cdots + x_N)$$

$$\sigma_{av} = \sqrt{\frac{\sigma_1^2}{N^2} + \frac{\sigma_2^2}{N^2} + \cdots + \frac{\sigma_N^2}{N^2}} = \frac{\sigma}{\sqrt{N}}$$

が得られる．これは，平均値の標準偏差を表す (K–1.4) 式になっている．

§10　付録3：最小二乗法

　今回の実験では，3本の銅の円筒をそれぞれ独立に測定するので，銅の密度として3つの値が誤差付きで求まる．せっかく3種類の測定をしたのだから，それを組み合わせてより正確と考えられる銅の密度を求めたいと思わないだろうか．一番単純な方法としては，得られた3つの密度の値を平均することである．また，その平均値の誤差は誤差伝播法則により計算できる．ここでは，もう一つの別な方法として，最小二乗法を用いる方法を検討してみよう．

§10.1　最小二乗法の考え方

　ある物理量 x と y が，理論から予想される関数 f を用いて $y = f(x)$ の関係にある場合を考えよう．関数 f は理論で完全に決まっているわけではなく，測定から決めるべき物理的に意味のあるパラメータをいくつか含んでいるものとする．例えばこの実験では，x を体積 V とし，y を質量 M と考えれば，未知のパラメータである密度 ρ を用いて，$y = \rho x$ という関係が予想できる．更に，はかりのゼロ点が完全には合っていないなどの可能性を考えれば，ゼロ点のずれ M_0 をもう一つのパラメータとして，$y = \rho x + M_0$ という関係式が，より現実的かも知れない．このとき，N 個の異なる x の測定値 $x_1, x_2, \cdots, x_N$ と，それに対応する N 個の y の測定値 $y_1, y_2, \cdots, y_N$ を用いて，統計的に最も確からしいパラメータの値を推定することが可能である．その一つの方法として**最小二乗法**がある．

　理論から予想される y の値は $f(x_1), f(x_2), \cdots, f(x_N)$ であるので，測定された量とのずれ（残差）は，i 番目の測定値に関しては $|y_i - f(x_i)|$ ということになり，xy-平面上での2点 (x_i, y_i) と $(x_i, f(x_i))$ の間の距離になっている．この残差が小さくなるように関数 f が持つパラメータを決めるために次の量を定義する．

$$S^2 = \sum_{i=1}^{N} \frac{\{y_i - f(x_i)\}^2}{N}$$

この S^2 を分散とよぶ．この S^2 の値，あるいは N を掛けた残差の二乗の総和 (残差平方和) NS^2 の値を最小化することで，最も確からしいパラメータの値を推定できる．最小値を求めるには，S^2 あるいは NS^2 を複数パラメータを含む関数とみなし，各パラメータに関する微分 (複数のパラメータがある場合は偏微分) が零となる条件を調べればよい[6]．

---

[6] 微分が零になる条件は一般には S^2 が極大値を持つ，極小値を持つあるいは鞍点となるということであるが，$S^2 \geq 0$ の下限があり，最小二乗法を用いる場合にはこの条件をみたすパラメータの組が一意に決まるので，S^2 は最小になると考えてよい．

§10.2　平均値の持つ意味

　同じ測定を繰り返し行った場合，その平均値を最確値として選べばよいことは既に述べたが，これを最小二乗法によって確かめてみよう.

　ある物理量を同一の条件で N 回測定して測定値 $y_1, y_2, \cdots, y_N$ を得たとき，その物理量の最確値 A を求めるべきパラメータと考える (関数 f を定数 A としたことに相当). 最小二乗法の考え方から，i 番目の測定値 y_i と A との残差 $v_i = y_i - A$ の二乗の総和 $\sum v_i^2 = \sum (y_i - A)^2$ を最小とするようなパラメータ A の値を求めればよい. 以後では，表記を単純にするため，N 個の測定値について i について総和をとることを [　] を用いて表す. たとえば，上の残差の二乗の総和は次のように書く.

$$[v_i^2] = \sum_{i=1}^{N} (y_i - A)^2$$

ここで，パラメーターは A 一つなので，残差 v_i の二乗の総和が最小となるためには，A による微分が 0 とならなければならない.

$$\frac{\mathrm{d}[v^2]}{\mathrm{d}A} = -2\{(y_1 - A) + (y_2 - A) + \cdots + (y_N - A)\} = 0$$

これより

$$y_1 + y_2 + \cdots + y_N - NA = 0$$

$$A = \frac{y_1 + y_2 + \cdots + y_N}{N}$$

が得られ，最確値は加算平均値によって与えられることが確かめられた.

§10.3　実験式として直線を仮定できる場合

　実験を行う場合，ある量 x を変化させ，別の量 y の変化を調べる場合がしばしばある. x と y は，たとえばある電気回路にかけた電圧と回路を流れる電流であったり，一定 mol 数のガスを一定体積の容器に閉じ込めた場合の圧力と温度であったりする. このような測定は物理学では非常によく行われている. これらの例では x と y の間には線形関係があると予測できるが，求めたい物理的に重要な値はその傾きである場合が多い. たとえば，オームの法則に従うとき，電圧と電流は比例関係を示し，傾きから抵抗値 R が求まることになる. 実際の実験では，測定で得られた (x, y) の組をグラフに描いても完全には一本の直線にはのらないことが多い. つまり，測定誤差があるために，線形関係をはっきり断定できなかったり，その式を決められなかったりする.

　それではどのようにすれば測定データの組から最も確からしい直線の式を求め，傾きを決めることができるのだろうか. この方法として最小二乗法が有効である. 最小二乗法では適当なパラメータを含む関数 (上記の例では直線の式) を仮定し，その値と実験値のずれの二乗の和を求め，これが最小となるようにパラメータを求める.

　いま，線形関係が予想される N 個のデータ点の組 $(x_1, y_1), (x_2, y_2), \cdots, (x_N, y_N)$ に対して最小二乗法により最も確からしい直線の式を求めてみよう. x と y の間には次のような線形関係が

あると仮定する.

$$y = ax + b$$

ここで,a と b が求めるべきパラメータである.i 番目の測定値 (x_i, y_i) に対する残差 v_i は次のようになる.

$$v_i = ax_i + b - y_i$$

そこで最小二乗法の考え方に従って,残差の二乗の総和を求めると次のようになる.

$$[v_i^2] = \sum_i (ax_i + b - y_i)^2$$

上式の右辺はさらに展開して

$$[v_i^2] = \sum_i (a^2 x_i^2 + b^2 + y_i^2 + 2abx_i - 2by_i - 2ax_iy_i)$$

$$= a^2 \sum_i x_i^2 + b^2 \sum_i 1 + \sum_i y_i^2 + 2ab \sum_i x_i - 2b \sum_i y_i - 2a \sum_i x_iy_i$$

$$= a^2 [x_i^2] + b^2 N + [y_i^2] + 2ab[x_i] - 2b[y_i] - 2a[x_iy_i]$$

となる.これより $[v_i^2]$ を最小にするためには,パラメータ a および b について偏微分し,

$$\frac{\partial [v_i^2]}{\partial a} = 2 \left(a[x_i^2] + b[x_i] - [x_iy_i] \right) = 0$$

$$\frac{\partial [v_i^2]}{\partial b} = 2 \left(a[x_i] + bN - [y_i] \right) = 0$$

でなければならない.したがって

$$a[x_i^2] + b[x_i] - [x_iy_i] = 0 \tag{K–1.8}$$

$$a[x_i] + bN - [y_i] = 0 \tag{K–1.9}$$

が成り立てばよいことになる.この式は正規方程式 (normal equation) と呼ばれる.正規方程式を解いて a, b の値を求めれば最も確からしい直線の式が求まることになる.こうして求まった直線は図 6 のようにばらついている測定値のほぼ中央を通ることとなる.

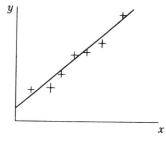

図 6

直線の傾き a と y 切片 b の最確値は

$$a = \frac{N[x_iy_i] - [x_i][y_i]}{N[x_i^2] - [x_i]^2} \qquad\qquad b = \frac{[x_i^2][y_i] - [x_i][x_iy_i]}{N[x_i^2] - [x_i]^2}$$

で与えられる．もちろんこれらも誤差を持つことになる．導出は略すが a, b の誤差 σ_a, σ_b は y_i のもつ誤差 σ_0 と誤差伝播法則より次の式で与えられる．

$$\sigma_{\mathrm{a}} = \sigma_0 \sqrt{\frac{N}{N[x_i^2] - [x_i]^2}} \qquad \sigma_{\mathrm{b}} = \sigma_0 \sqrt{\frac{[x_i^2]}{N[x_i^2] - [x_i]^2}}$$

σ_0 は測定値 y_i の最確値 $(ax_i + b)$ からのずれを用いて次のように表される．

$$\sigma_0 = \sqrt{\frac{\sum_{i=1}^{N}(y_i - b - ax_i)^2}{N - 2}} \tag{K–1.10}$$

この (K–1.10) 式と先に出てきた (K–1.5) 式を見比べると類似した式であることが理解できるであろう．直線を理論式とした場合には，N 組の測定値を使って最も確からしい傾き a と切片 b を推定する必要がある．もともと測定値が持っていた N 個の自由度のうち 2 個がこれに消費されるため，測定値が持つ自由度の数 N_{dof} が 2 減り $N - 2$ となるのが異なっている点である．(K–1.8)，(K–1.9) 式を考慮すると上式の σ_0 は次の式で与えられる．

$$\sigma_0 = \sqrt{\frac{[y_i^2] - b^2 N - a^2[x_i^2] - 2ab[x_i]}{N - 2}} \tag{K–1.11}$$

以上の結果を用いて，最も確からしい直線の傾きと y 切片は $a \pm \sigma_{\mathrm{a}}$，$b \pm \sigma_{\mathrm{b}}$ と書くことができる．

§11　参考：国際単位系 (SI 単位系)

　私たちはものを測るのに国際単位系 (SI 単位系) を用いており，長さはメートルを単位としている．メートルは，歴史的には北極と赤道の距離の 1000 万分の 1 として導入された．しかし精密な測定をするためには正確な標準が必要で，現在では光が真空中を非常に短い時間 1/299792458 秒に進む距離として 1 メートルが定義されている．また質量の方は，長らく国際キログラム原器の質量を質量の基本単位キログラムとしていたが，現在はプランク定数を $6.62607015 \times 10^{-34}$ kg·m^2/s と定義することにより質量の単位キログラムが定義されている．SI 単位系では長さと質量以外に時間，電流，温度，物質量，光度の 7 つを基本量とし単位はそれぞれ s，A，K，mol，cd(カンデラ) を用いる．また電圧や抵抗の標準として，ジョセフソン効果や量子ホール効果を用いたものがその高い精度のために実現されている．

§12   参考：ギリシャ文字

物理学では，物理量にギリシャ文字をあてる場合がしばしばある．ギリシャ文字の読み方を下の表にまとめる．

表 2 ギリシャ文字の読み方

読み	小文字	大文字	読み	小文字	大文字
アルファ	α	A	ニュー	ν	N
ベータ	β	B	グザイ	ξ	Ξ
ガンマ	γ	Γ	オミクロン	o	O
デルタ	δ	Δ	パイ	π	Π
イプシロン	ε	E	ロー	ρ	P
ゼータ	ζ	Z	シグマ	σ	Σ
イータ	η	H	タウ	τ	T
シータ	θ	Θ	ウプシロン	υ	Υ
イオタ	ι	I	ファイ	ϕ	Φ
カッパ	κ	K	カイ	χ	X
ラムダ	λ	Λ	プサイ	ψ	Ψ
ミュー	μ	M	オメガ	ω	Ω

K–2

レポート作成について

§1　はじめに

　研究や技術開発，調査などおよそ人間が行っている仕事は，その成果を他の人に伝えることで初めて実を結ぶ．君の仕事が実を結んで会社を上昇機運に乗せる新製品が生まれるのも，新しい学問を開く新発見と呼ばれるのも，公表して初めて生まれてくるものだ．典型的な公表する手段がレポートだ．社長へのプレゼンテーション，学会発表の論文，グループ内のレジメ，それら君たちがこれから何度となく出会う発表手段の基礎は，レポートにある．このレポートは他の人に理解してもらうものなので，どのような形でもよいと言うわけではなく，相手が理解できる形式にそって書き表すことが必要になる．当然このようなレポートを書く練習を積まなければ，上手な発表はできないことになる．

§2　目的

　ここではこのような科学技術分野におけるレポートの書き方について，K–1の実験データをまとめることを通して学ぶ．このような文書の基本として，論旨が明確で筋道だった論理の展開をしていることが要求される．これはまた読者にとってわかりやすいことを目指すものでもある．以下に説明するレポートの作成法にしたがって，前回測定した長さと質量の測定に関する実験のレポートを作成しよう．なおこの物理学実験では，実験の後半に行う専門実験の実験レポートも，ここで説明した形式に従って作成しなければいけない．

§3　レポートの内容

　実験は次のように行われる．「目的」を達成するために，「理論」にしたがって「実験器具」を集めて「装置」を組み立てる．「実験経過」にそって「データ」を記録し，それらのデータから理論にそった「計算」を行って，「結果」を導き出す．それらの結果を基に「考察」を行って実験の意味を検証し，成果をまとめる．当然，これらの事柄が整理されてレポートに書かれている必要がある．

　測定データは当然，整理されている必要があるし，結論とそれに至る道筋を報告書は論理的にまとめていることが大切である．ほぼ予測された結果を得たとしても，それらをまとめることによって非論理的なところも発見できるし，一部分の追試が必要となる場合も生じる．ゆえに，実験データの整理が完了しても，これを一文にまとめて矛盾や不統一性のないことを確認しない限

り，「実験が終った」とはいえないのである．

Faraday の言：''Work, finish and publish[1]''.

またレポートは，他の人が読むことを想定し，順序だて論理性を持って書かれるべきである．
自分だけがわかればよい「メモ」とは一線を画す必要がある．

§3.1 レポートとして示すべき項目

レポートは先ほど述べた「項目」によって整理される．必要事項は網羅されていることが求められる．以下に挙げる項目を参考にして欲しい．

(1) 表題・著者

題名，レポート作成者，共同実験者姓名 (姓名はすべてフルネーム) を書く．題名はレポートの
内容を的確に表すものがよい．共同実験者は，この授業では「同じ班で一緒に実験した人」ということになるかも知れないが，学術論文などでは「この論文に書かれていることに関して全責任
を持つ人達」という意味合いを持つ．

(2) 実験条件

日時，天候，気圧，気温，湿度，電源電圧などの環境データを必要に応じて記す．特に実験結
果に影響すると思われる重要なものについては実験前後および中間のデータも併記するとよい．

(3) 目的

実験の焦点を明確に記すこと．何を観測することによって何を知り得るかということなどを書
く．''結果'' や ''考察'' に書かれることと対応する内容となる．

(4) 理論

どのような理論の下にどのような仮定に立ってこの実験を行うか．何を測定すればいかなる原
理によって，何を説明することができるか．これらを簡明に記す．**テキスト等の丸写しは全く意
味がない**．また，高度の理論をもて遊んでも，自分の実験との関連性が薄弱な限り無意味である．
後の計算・解析や考察で用いる数式をここで提示する場合があるだろう．数式の入力は煩雑かも
しれないが，特に必要な数式は必ず書くようにする．また，後で参照する数式には，下のように
式番号を付けるのが望ましい．

$$y = ax^2 + bx + c \qquad\qquad (\text{K–2.1})$$

$$y = \exp(x) \qquad\qquad (\text{K–2.2})$$

式番号はレポート全体で統一がとれていれば特に指定はないが，式番号の飛びや重複がないよう
に注意する．

(5) 器具および装置

使用した器具の名称，定格番号，大きさなど．必要であればそれらを使用した理由を書く．実
験装置の接続方法を説明するために図を用いる場合があるかも知れない．レポートや論文では図
の挿入は下の例のようにするのが普通である．図は中央揃えにし，数式や表と同様に「図1」，「図

---

[1] 「publish」とは論文を刊行すること，つまりレポートを公表すること．

K-2

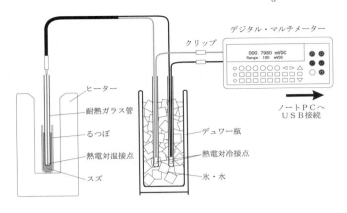

図1 熱電対の較正のための装置接続図

2」というような通し番号を付け，レポートの本文で参照するときに用いる．また，図の通し番号の後ろに簡単な図の説明を書くのがよい．図の通し番号と説明の位置は，通常は図の下の中央である．

(6) 実験経過・実験手順

どのように装置を利用したか？　途中環境の変化がなかったか？　実験能率をどのようにしてあげたか？　新工夫はあったか？　失敗はあったか？　その原因は？　等を明確にわかり易く示す．テキスト等では，様々な予備知識を持つ人が，誰でも実験が困難なく進められるように，手順等を詳細に書いているのが普通である．レポートに書くべき実験手順はその目的が違っている．したがって，ここでも**テキスト等の丸写しは全く意味がない**．

(7) データ (直接測った量のまとめ)

データは，データ量が余りに大量でない限り，実験で得られた測定値を表としてまとめるのがよい．表の書き方の例を下に示す．測定器自体が持つ精度や有効数字を考えながら測定値を記し，単位の記入も忘れないこと．表には「表1」，「表2」などの通し番号を付け，表番号の後に簡単な表の説明を入れる．表自体は中央揃えにし，表の通し番号と説明の位置は，通常は図の上の中央である．

また，データの解析の過程や，得られた結果を表示するために必要なグラフを描くこと．なお，

表1 電圧と電流の測定結果

測定番号	電圧 (V)	電流 (A)
1	0.50	0.110
2	1.00	0.209
3	1.50	0.301
4	2.00	0.399
5	2.50	0.502
6	3.00	0.610

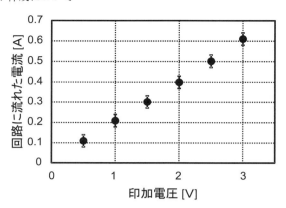

図 2　印加電圧と回路に流れる電流の関係

普通はレポートや論文ではグラフも図の一種という扱いである. グラフの描き方の例を下に示す. グラフの縦軸と横軸の意味する量と単位を記入すること. 図としての説明を付ける場合は必要ないが, それがない場合は何を示すグラフか (つまりグラフのタイトル) を必ず記入すること. 誤差が求まっていれば, グラフ中に誤差棒として書き込むのが望ましい.

　上に述べたように, データは表とグラフを用いて示す場合が多いが, 表とグラフをただ並べただけというレポートも多く見受けられる. レポートを書く諸君にとっては, それらの表とグラフのつながりは明らかかも知れないが, レポートを読む人にとっては必ずしもそのつながりは自明というわけではないことに注意しよう. 少なくともある程度の文章を入れ, 表やグラフが何を示していて, それらの相互の関係がどうなっているか, また諸君がそれらをレポートに入れた意図などを説明するようにしよう.

(8)　計算・解析 (他の量を間接的に求める方法の説明)

　計算を行ったときにはそのあらましを述べる. どの実験データを用いた計算か, 理論のどの部分を用いた解析かを明示すること. 誤差の計算は重要で, また有効数字に対する考察も述べる. また, 計算された数値に単位を付けるのを忘れないように.

(9)　結果 (間接的に求めた量のまとめ)

　実験およびそのデータの解析の結果得られた結論, または結果の数値を明確に示す. その際“実験の目的”の項に対応する内容となっているよう注意する.

(10)　考察

　極言すれば, 教科書やマニュアルに従って装置を操作すればその意味が分からなくても何らかの結果が得られる. したがって, 「結果」を出すだけでは十分ではなく, それを基に「考察」することが重要なことが分かるだろう. 考察の乏しいレポートも多く見受けられるが, それは諸君が考えることを放棄していることになると気付いて欲しい. 「考察」では出てきた「結果」の意味について必ず考えること. データの異常を発見したときにはその原因を追求する. けれども「当て推量」的考察は避けるべきである. 考察には根拠がなくては学問的でない. 実験方法の改良案なども, 根拠があれば大いに記すべきである. 独りよがりの感想文・反省文は意味がない.

(11)　課題の解答

実験テーマによっては，教科書本文中に設問を含んでいるものがある．(10) の考察とは別に解答を明示すること．

(12)　参考文献

レポート上で他の文献等を引用したりその内容を参考にしたりしている場合，どの文献を参考にしているかわかるように番号を振って最後に列挙する．本文中の関係ある場所に上付きなどにしてその文献番号を示すこと．

§3.2　レポートの構成

上の項目を形式的に書き下すだけでは良いレポートとはなり得ない．繰り返しになるが実験データから得られた結論を筋道だてて説明できるように，有機的な構成に気をくばりながら書くこと．順番に読むことで，読者が内容を良く理解できるように論理のつながりを工夫すること．

具体的には以下のようなことを考慮してレポートの全体構成を考えること．初心者にはそれほど簡単なことではないかも知れないが，その一部でも達成出来るように努力して欲しい．

(1)　目的と他の部分のつながり

実験は目的があって実施する．授業で行う実験の目的は諸君が考案したものではないが，諸君に達成して欲しい目的が掲げられている．したがって，実験はその目的に従って計画されているはずであるし，またレポート全体もその目的に向かって収斂するように記述するのが望ましい．とりわけ，結果と考察に記載されることは，目的に掲げた項目と一つ一つ対応するものになるはずである．それを念頭に置いて結果として何を書き，考察で何を議論すべきかをよく考えること．

(2)　理論と他の部分のつながり

このテキストには，各実験に必要な理論が比較的詳細に書かれている．様々な予備知識の人がテキストを読むことを想定して，基本的なところから書き始め，理論の展開が分かるように丁寧に書かれている．諸君がレポートを書く理論の部分は，それとは目的が違っているのが普通であるから，どの様な部分が必要で重要かということをよく考えて欲しい．とりわけ，計算・解析や考察の部分は理論と深く関係している．そのつながりをよく見極め，何が必要な理論かをよく考えよう．また，テキストでは諸君自身に考えて欲しいので，あえて考察等に必要な関係式を書いていないというような部分もある．解析や考察に必要と思われる関係式は，自ら導いて補足するように心がけよう．

(3)　データと他の部分のつながり

測定データは実験で一番大切なものだ．レポートに漏れなく書くようにしよう．データは計算・解析の基になるのだが，計算・解析で出て来るデータがレポートにうっかり書かれていないというようなことがないか確認が必要だ．また考察を書く段になって必要な情報が出て来るかも知れない．その場合は遡って必要なデータを追加する必要がある．

(4)　計算・解析および結果と他の部分のつながり

計算・解析は，結果をまとめて考察を行うために必要だ．結果で何を求め，それを使ってどのような考察をするかによって，計算で導出する数値や解析する方法も変わって来るはずだ．例え

ば，物理量そのものが大切な場合もあれば，物理量の誤差が大切な場合もあるだろう．また，解析方法も幾通りかの方法があるのが普通だ．結果や考察の内容に応じて，幾つかある方法で最適と思われるものを使うのか，複数の方法を比較してそれを基に考察の議論を展開するのかで解析をどのように行うかが変わってくる．したがって，いつも同じ計算・解析を行えばよいというものではなく，結果や考察を意識して内容を考えるようにしよう．

§4　課題

　上記の §3 と図 3 から 5 を参考にし，K–1 の実験の結果をレポートにまとめよ．

§5　参考文献

　大阪大学の新入生には，入学時に「阪大生のためのアカデミック・ライティング入門」という小冊子が配布されているはずである (一般の人向けに次の URL からダウンロード可能：http://www.celas.osaka-u.ac.jp/education/support/academic-writing/)．初めての本格的なレポートをどう書いたらよいか悩んでいる人は，まずこの小冊子を読んでみることを勧める．レポートの書き方の参考になる文献としては，「理科系の作文技術」木下是雄著 (中央公論新社)，「レポートの組み立て方」木下是雄著 (筑摩書房) などがある．

K–2

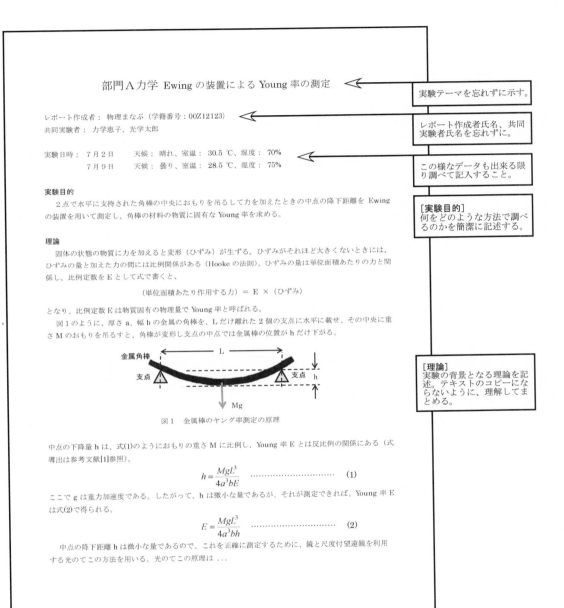

部門Ａ力学 Ewing の装置による Young 率の測定 ← 実験テーマを忘れずに示す。

レポート作成者： 物理まなぶ（学籍番号：00Z12123）← レポート作成者氏名、共同実験者氏名を忘れずに。
共同実験者： 力学恵子、光学太郎

実験日時： 7月2日　　天候： 晴れ、室温： 30.5 ℃、湿度： 70% ← この様なデータも出来る限り調べて記入すること。
　　　　　 7月9日　　天候： 曇り、室温： 28.5 ℃、湿度： 75%

実験目的
　２点で水平に支持された角棒の中央におもりを吊るして力を加えたときの中点の降下距離を Ewing の装置を用いて測定し、角棒の材料の物質に固有な Young 率を求める。

[実験目的] 何をどのような方法で調べるのかを簡潔に記述する。

理論
　固体の状態の物質に力を加えると変形（ひずみ）が生ずる。ひずみがそれほど大きくないときには、ひずみの量と加えた力の間には比例関係がある（Hooke の法則）。ひずみの量は単位面積あたりの力と関係し、比例定数をＥとして式で書くと、

　　　　　（単位面積あたり作用する力）＝ Ｅ ×（ひずみ）

となり、比例定数Ｅは物質固有の物理量で Young 率と呼ばれる。
　図1のように、厚さ a、幅 b の金属の角棒を、L だけ離れた２個の支点に水平に載せ、その中央に重さ M のおもりを吊るすと、角棒が変形し支点の中点では金属棒の位置が h だけ下がる。

金属角棒
支点　　　　　　　　　　支点
L
h
Mg

図1　金属棒のヤング率測定の原理

[理論] 実験の背景となる理論を記述。テキストのコピーにならないように、理解してまとめる。

中点の下降量 h は、式(1)のようにおもりの重さ M に比例し、Young 率 E とは反比例の関係にある（式導出は参考文献[1]参照）。

$$h = \frac{MgL^3}{4a^3bE} \quad \cdots\cdots\cdots \quad (1)$$

ここで g は重力加速度である。したがって、h は微小な量であるが、それが測定できれば、Young 率 E は式(2)で得られる。

$$E = \frac{MgL^3}{4a^3bh} \quad \cdots\cdots\cdots\cdots \quad (2)$$

　中点の降下距離 h は微小な量であるので、これを正確に測定するために、鏡と尺度付望遠鏡を利用する光のてこの方法を用いる。光のてこの原理は …

図3

実験器具

　金属角棒:　鉄、銅、真ちゅうの3種類。

　Ewing の装置:　角棒をセットしおもりにより力をかける。角棒の変形による中点の微小な下降量 h を
　　　　　　　　　光のてこの方法により測定する。

　尺度付望遠鏡:　光のてこと組み合わせて中点の下降量 h を測定する。

　ものさし:　Ewing の装置の支点間の距離 L や光のてこの足の幅を測る。

　マイクロメータ:　角棒の高さ a と幅 b を測る。

　巻き尺:　光のてこと尺度付望遠鏡の距離を測る。

　おもり:　200 g のおもり7個。

[実験器具]
使った装置は漏れなく全て
記入すること。

実験経過

● 最初に鉄の角棒を Ewing の装置にセットし実験を試みたが、鏡と尺度の距離 D を測定し忘れた
　ため、もう一度鉄の角棒について実験を行わなければならなかった。

● 望遠鏡で尺度の目盛を読むとき、視野内で尺度の目盛が止まらずに振動する場合が多かったが、
　その場合は振動の上限と下限の目盛の値を読み、その中間の値をデータとして用いた。

[実験経過]
どのように測定をすすめた
か、何を工夫したか略さず
に記入する。

データ

　鉄の角棒に対して、おもりを変化させたときの、光のてこの測定データを表1に示す。

表1　鉄の角棒の測定データ

番号 i	荷重 (g)	尺度の読み (mm)		
		最大	最小	平均 y_i
1	0	147.9	147.9	147.9
2	200	154.1	154.2	154.15
3	400	160.7	160.5	160.6
4	600	166.9	166.9	166.9
5	800	173.1	173.0	173.05
6	1000	179.3	179.8	179.55
7	1200	185.8	185.9	185.85
8	1400	192.1	192.1	192.1

[データ表]
それぞれの物理量の名前と
単位を、忘れずに記入する
こと。

　銅の角棒に対して同様の測定をしたときの測定データを表2に示す。

表2　銅の角棒のデータ ...

　銅の角棒に対して同様の測定をしたときの測定データを表3に示す。

表3　真ちゅうの角棒のデータ ...

　光のてこに用いた鏡と尺度の距離のデータを表4に示す。

表4　鏡と尺度の距離 D の測定データ ...

図4

K–2

計算と結果

　まず、M=800g に相当する尺度の平均移動量 Δy を式(4)のように求めることにする。

$$\Delta y = \frac{1}{4}\{(y_5 - y_1)+(y_6 - y_2)+(y_7 - y_3)+(y_8 - y_4)\} \quad \cdots\cdots (4)$$

それぞれの角棒についてこれを計算すると、

鉄	Δy = 25.25 mm
銅	Δy = 43.43 mm
真ちゅう	Δy = 50.09 mm

となった。理論で述べた E と h の関係式(2)と、Δy と h の関係式(3)を用い、次の数値を用いて Young 率 E を求める。結果を表5と6に示す。

　　　　M = 800 g
　　　　g = 977.9 cm/s²
　　　　…

表5　中点降下量 h の計算 …

表6　Young 率 E の計算 …

[計算]
前述のデータ値より必要な物理量を計算する場合、必ず途中の計算式も略さずに示すこと。

考察

　今回の実験で得られた結果は …

　　　　… という結論が得られた。

[考察]と[結論]
測定で得られた結果について理論との比較のもとに考えた結果をまとめること。誤差についても評価する。これに基づいて結論を出すこと。

参考文献
　[1] 「物理学実験」（1998 年版）、大阪大学、26・29 ページ。

[参考文献]
レポート上で引用した文献があれば最後にまとめる。対応が付くように通し番号を付けるのがよい。

図5

K–3

グラフ作成とデータ解析における活用

§1 はじめに

　実験を行えば何らかの測定結果，つまり測定値が得られる．実際の実験では，ある物理量 X を変化させ，それに伴う別の物理量 Y の変化を調べることがしばしばある．このような実験では X と Y の値が測定値として得られるわけだが，測定値が得られたら早目にやっておいた方がよいのが，測定値をグラフに描いてみることである．測定値を実験中あるいは実験直後にグラフに描いてみる意義はいくつかある．

- X の変化に伴って Y が比較的スムーズに変化することが期待される場合がしばしばある．もちろん，測定には不確かさがつきものなので多少のばらつきがあるものの，グラフに描いてみるとそれ以上に測定点が全体の変化の傾向から大きくずれていることがある．このような場合には，何らかの測定ミスあるいは測定値の記録ミスが疑われる[1]．したがって，グラフを描くことでミスの早期発見が可能になる．

- グラフに描いてみると，一つの測定と次の測定の間で X の変化量が大き過ぎて，測定点の間隔が空き過ぎているということに気が付くことがある．実験中にグラフを描いて確認していれば，すぐさま追加の測定をして，より質の高い実験が実施できる．

- 測定では多数の数値が順次得られるわけだが，その数値を眺めているだけではどんな現象が起こっているのか分かり難い場合がある．これは，数字の並びを総合的に理解する能力が人はそれほど高くないということである．人はむしろ画像から意味のある情報を抽出する能力，例えば直線や曲線あるいは角度などを抽出する能力に長けている．グラフはそのような人の能力にうまく合致したデータの表示方法である．諸君は，いま実験でどんな現象が起こっているか，あるいは期待した変化が起こっているか否かをグラフを見れば瞬時に判断できるはずである．

　ところで，一口にグラフと言っても，実際には表示方式の違いによって多数の種類がある．その中で自然科学の実験で比較的よく使われるものとしては，縦軸と横軸に等間隔の目盛が入った方眼紙を使って描くようなグラフ以外に，縦軸，横軸あるいはその両方が対数表示になった対数グラフがある．また近年コンピュータのソフトウェアを利用して描くグラフとして，3つの軸を持った (例えば X，Y，Z というような物理量を各軸にとる) 擬似的な3次元グラフが使われることもある．グラフの種類はどれを使っても同じだと思ってはいけない．グラフの種類の選択は

---

[1] 何のミスもなく本当に予想外の変化をしていれば，大発見の尻尾を捕まえたということになるかも知れない．

非常に重要で，とくに物理学の実験の場合にはグラフの種類を適切に選ぶことで，いま測定している物理現象がどのような法則や理論に従っているかが一目で分かる場合も多くある．この実験テーマでは，対数グラフなどを例にとってそれを体験する．

　グラフは諸君がレポートを書く際にも非常に役立つ．中国の故事に「百聞は一見に如かず」という言葉が残っている．レポートに長々と文章で書いても理解し難い実験結果も，適切なグラフを用いればレポートを読む人が「一見」で理解できる場合がある．ここで重要なのは，**見た人が容易に理解出来るように如何に工夫を凝らしてグラフを描くか**ということである．何を示しているのか理解し難い稚拙なグラフは，さらに混迷を深めるだけで逆効果である．上で述べたどの種類のグラフを採用するかという点はもちろん重要であるが，見る人にとって分かり易いグラフであるためにはそれ以外にも最低限満たすべき条件が多数ある．この章では，理解し易いグラフの描き方についても簡単に触れる．

§2　目的

　ここでは，実験で得た測定値あるいは測定値を用いて計算した物理量をグラフに描く意義や方法について理解を深める．グラフには，縦軸や横軸の目盛を等間隔にとったグラフや，軸の目盛が対数表示になっているグラフ (対数グラフ) など多数の種類がある．物理学の実験ではよく使用されるものの，諸君がそれほど馴染みがないと思われる対数グラフについて，その描き方および対数グラフから必要な情報を読み取る方法をマスターしよう．また，レポート作成に役立つ「理解し易いグラフ」を作成するための工夫について学ぶ．

§3　グラフの種類

　上で述べたように，グラフには多くの種類がある．それぞれのグラフには特徴や使い方があるのでそれを見ていこう．

§3.1　様々なグラフ

　物理学の実験でグラフとして描く必要がしばしばあるのは，ある物理量 X を変化させ，そのとき得られた別の物理量の測定値 Y の変化を見たい場合などである．この場合のグラフの作成は，目盛りのある直行した横軸と縦軸を描き，横軸で X の値，縦軸で Y の値を探し，その交点にデータ点を描くという手順になり，諸君にも馴染みのあるグラフであろう．普通に物理学でグラフ (graph) あるいはプロット (plot) と言えばこのグラフのことを指す[2]．このグラフの場合には，X と Y の測定値の組 (X_i, Y_i) が i 番目のデータ点に対応し，通常多数のデータ点が一つのグラフに描かれる．

　これとは違い，データとしてある量 X の値 $X_i (i = 1, 2, 3, \dots)$ を順番にグラフに描きたい場合もある．例としては，ある町の年毎の人口推移をグラフに描く場合などである．この目的には，棒グラフ (bar chart, bar graph) や折れ線グラフ (line graph, line plot) などが適している．また，データを分類してその百分率を描くことで，得られた結果の傾向を分析したい場合もあるだ

---

[2] 後述の表計算ソフトウエア Microsoft Excel では「散布図」と呼ばれる．

ろう．例えば，アンケートに対する回答がどのような割合になっているか知りたい場合などである．そのような場合には円グラフ (pie chart) などが適している．

　最近のコンピュータとソフトウェアの急速な発達で，グラフを擬似的に 3 次元表示することも容易になってきた[3]．また，マウスポインタなどを用い，表示した 3 次元グラフをディスプレイ上で自在に回転する機能なども実現されている．定量性はやや犠牲になるが，直感に訴えるデータの表示方法の一つとして活用されている (図 1 に例を示す)．

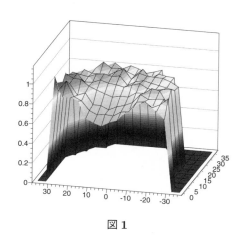

図 1

§3.2　様々な物理現象とそれに適した軸の取り方

　次に，グラフの軸の目盛りの取り方の違いについて説明する．諸君がよく目にするグラフの軸は，図 2 のように等間隔に目盛りが振ってあるものではないだろうか (よく見る方眼紙の軸の目盛りの取り方)．このような軸の目盛りの取り方をするグラフを**リニア・プロット (linear plot)**あるいは**リニア・スケール (linear scale)** のグラフと呼ぶ．それ以外の軸の目盛りの取り方でよく使われるものに，図 3 のように軸上の数値の対数をとったものが等間隔になるものがあり，このような目盛りの取り方をするグラフを**ログ・プロット (log plot)** とか**ログ・スケール (log scale)** のグラフあるいは単に**対数グラフ**と呼ぶ．我々は十進法表記の数値の扱いに慣れているので，対数は常用対数 ($\log_{10}$) を用いるのが一般的である．

　以下では，いろいろな物理現象を例にとり，どのような軸の目盛りを採用するのが望ましいかを説明する．

(1)　リニア・プロット (よく見る方眼紙に描くグラフ)

　グラフを描く場合に最もよく使われるのがリニア・プロットである．諸君も一度は升目状の目盛が入った方眼紙の上にグラフを描いたことがあると思うが，それがリニア・プロットだ．ところで，データ点を多数グラフに書き込んでいくと，データ点の並びがかなりきれいにある特定の曲線に沿って並ぶ場合がある．このような場合，グラフの縦軸と横軸にとった物理量の間に何らかの法則性があると考えるのが自然である．また，データ点の並びから想像される曲線の形は，その法則性の性質の現れである．

---

[3] ディスプレイや本の紙面は 2 次元なのであくまでも 2 次元のグラフなのだが．

K–3

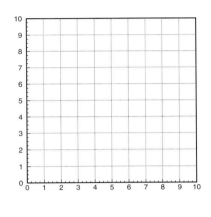

図 2

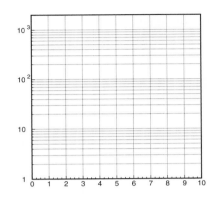

図 3

　諸君が一目で曲線の関数形を言い当てることが出来るのは，たぶん生まれてこの方，最も多く見たであろう直線である (その次に来るのが放物線や三角関数だろうか). したがって，リニア・プロットが最も活用できるのは，リニア・プロット上でデータ点の並びが，ほぼ直線になるような物理法則が期待される場合である. 長さと質量の測定を行った K–1 章で作成した，横軸に円柱や円筒の体積，縦軸にその質量をとったグラフ上のデータ点は，まさにその例であった. 諸君の測定がうまくいっていれば，データ点はほぼ直線状に並んだはずである.

　この K–1 章の実験の例では，リニア・プロット上の直線の傾きは「密度」という物理量と関係するので，データ点に直線を当てはめる意味がある. また，直線状にデータ点が並ぶという事実は，「組成が同一の黄銅は，その形状や大きさがどうであれ密度は一定である」という物理法則 (法則と言うと大袈裟かも知れないが) を示している. この法則が諸君の実験でうまく検証できたかどうかを判定する一つの方法は，データ点に当てはめた直線の切片の値を見ることである. 切片がデータ点のばらつき方を考慮してゼロと矛盾しない場合，測定結果は上の「密度一定の法則」を支持していると言えるだろう.

　グラフにデータ点を描き込んで，それが直線状になった場合には，直線の式を用いた最小二乗法が使えるという利点もある. K–1 章 §10 で見たように，複数のデータ点 (x_i, y_i) が得られたとき，そのデータとのずれが最も小さくなる直線の傾き a と y 軸切片 b を求めるのは簡単である. 更によいことには，a と b の誤差 σ_a と σ_b も同時に求まる. 上の例で言えば，真ちゅうの密度 $\rho\,(=a)$ はその誤差 $\sigma_\rho\,(=\sigma_a)$ と共に求まり，「密度一定の法則」の検証をするには，y 軸切片の値 (b) がその誤差 (σ_b) を考慮してゼロと矛盾ないかどうかを見ればよいことになる.

(2)　片対数グラフ (semi-log plot)

　物理の分野以外でも比較的よく使われるグラフに**片対数グラフ (semi-log plot)** がある. 片対数グラフでは，通常縦軸がログ・スケールになっており，横軸はリニア・スケールである. まず，ログ・スケールの目盛りの読み方に慣れてもらうために，縦軸 (y) の値として，$y = 10, 100, 1000$ に●で，$y = 20, 200, 2000$ に■で，$y = 15, 25, 50$ に▲でデータ点を打ったのが図 4 である. y の値の 10 倍の違いが等間隔の目盛りの間隔に対応する. また，10 と 20，100 と 200，1000 と 2000

の関係が理解できただろうか．ログ・スケールの場合の目盛りは，10, 20, 30, 40, 50, 60, 70, 80, 90, 100, **200**（**110** ではない！）というように増えるのだが，15 や 25 のような中間的な点の値の読み方やデータ点の打ち方は，慣れないと間違え易いので注意が必要だ．

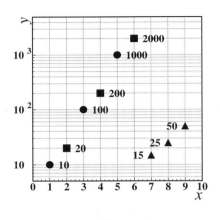

図 4

　この片対数グラフの上で，データ点が直線状に並ぶ物理現象はどのようなものがあるだろうか．その一つの例は，部門 D の放射線計測の実験で題材になっている放射性原子核の崩壊現象である．放射性原子核は放射線を出して別の原子核に変化 (崩壊) する．その崩壊の速さを特徴付ける物理量が半減期と呼ばれるものだ．半減期の時間が経つと，放射性原子核の数は半分まで減少する．例えば，放射性のセシウム原子核 ^{134}Cs と ^{137}Cs の半減期は，それぞれ約 2 年と約 30 年である．これらの放射性セシウム原子核が時間とともにどのように減少していくかを片対数グラフの上に描いたのが図 5 である．横軸が時間で，縦軸は最初の放射性原子核の量を 1 に規格化したものである．放射性原子核の量は，時間とともに片対数グラフ上で直線的に変化しているのが分かり，放射性原子核の崩壊という物理現象がどのような物理法則に従っているかということと密接に関係している．また，縦軸の値が 1 から 0.5 まで減少するのに，上記の半減期の時間が経っているのがグラフから読み取れるであろう．比較のために同じ時間変化をリニア・プロットしたのが図 6 である．当然，図 6 では時間変化は直線的な表示にはならない．

　例として出て来た放射性原子核の量の時間変化を数式で書くと次のようになる．

$$N(t) = N_0 \left(\frac{1}{2}\right)^{\frac{t}{T_{\frac{1}{2}}}}$$

ここで，$N(t)$ は時刻 t における放射性原子核の数を示し，N_0 は時刻 $t = 0$ での数，$T_{\frac{1}{2}}$ が半減期である．この式を変形すると，

$$N(t) = N_0 \left(e^{-\log_e 2}\right)^{\frac{t}{T_{\frac{1}{2}}}} = N_0 \exp\left[-\frac{\log_e 2}{T_{\frac{1}{2}}}t\right]$$

$$N(t) = N_0 e^{\alpha t}, \qquad \alpha = -\frac{\log_e 2}{T_{\frac{1}{2}}} \tag{K–3.1}$$

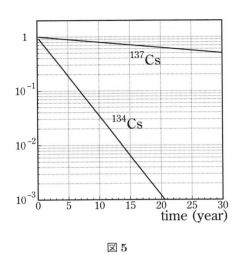

図 5

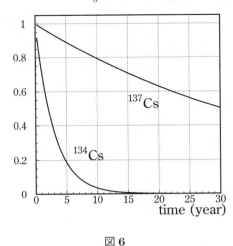

図 6

となり，指数関数の一種であることが分かる．したがって，一般に片対数グラフで直線となるのは指数関数であり，**物理量 X と Y の関係が指数関数になるような物理現象を扱う際に片対数グラフが役立つ**．

実験データを用いて，(K–3.1) 式に出て来る N_0 と α のような値を決めたい場合がある．まず，N_0 は横軸の値が 0 のとき (例では $t = 0$ のとき) の縦軸の値を読めばよい．次に，α の値を求める方法をいくつか説明する．

(a) 目視で出来る簡単な方法

グラフを描いたその場で α の値を概算したい場合は，この方法がお勧めだ．まず，縦軸 Y の値が e 倍だけ変化する横軸 X の値を読み取る．横軸の値 x_1 と x_2 の間で，Y の値が $e \approx 2.7$ 倍変化したとする．この場合の α の概算値は，

$$\alpha \approx \frac{1}{x_2 - x_1}$$

とすれば良い．

(b) 正確に求めたい場合

レポート書く際に必要な値として α を求めたい場合もある．またその場合には α の誤差も同時に求めたいだろう．この場合は，直線を仮定した最小二乗法を用いるのがよい方法である．その際には，実験で得られたデータ点 (x_i, y_i) $(i = 1, 2, \cdots)$ から，y_i の値の自然対数 (**常用対数ではないことに注意**) をとったデータ $(x_i, \log_e y_i)$ $(i = 1, 2, \cdots)$ を作成し (電卓や表計算ソフトウェアで計算)，それに対して $y = ax + b$ という線形関係を仮定した最小二乗法の計算を適用すればよい．得られた直線の傾き a が，その実験データから得られる α の最確値となり，α の誤差 σ_α は a の誤差 σ_a として求まる．

(c) 2 点のデータ点で概算する方法

あまりお勧めではないが，データ点を 2 点だけ使って計算するには次の式を使えばよい．

$$\alpha = \frac{\log_e y_2 - \log_e y_1}{x_2 - x_1} = \frac{\log_e \frac{y_2}{y_1}}{x_2 - x_1}$$

対数グラフを用いるもう一つの利点は，数値の変化量が何桁にもわたる場合である．図6では，15年を過ぎると ^{134}Cs の量はほとんどゼロになり，その量がいくらなのかをリニア・プロットから読み取るのは難しい．それに対して図5では，縦軸がログ・スケールになっているおかげで数値を正確に読み取ることが可能になる．このような理由から，測定量が何桁にもわたって変化する場合などに，たとえ変化の様子が直線とならない場合でも，対数グラフが使用されることがしばしばある．ここで注意して欲しいのは，ログ・プロットとリニア・プロットどちらを選ぶかは，諸君が何をそのグラフで示したいかにかかっている．「15年程度経てば ^{134}Cs の量はほとんど無視してよい程度に少なくなる」というのが諸君の示したいことであれば，図6を使用するという選択もそれほど悪くはない．

(3) 両対数グラフ (log-log plot)

よく用いられるもう一つの対数グラフに**両対数グラフ (log-log plot)** がある．両対数グラフでは，横軸と縦軸の両方がログ・スケールになっている．この両対数グラフの上で，直線になる物理現象の例を見てみよう．ある光源から等方的に広がっていく光について考える．諸君は光源から遠ざかれば遠ざかるほど光の強度が減少していくのは経験的に知っているだろう．諸君が感じる光の強度は，目の瞳孔の面積に入って来る光子の数で決まる．光源から距離 R 離れた場所で，光子は表面積 $4\pi R^2$ に一様に広がっているので，瞳孔の面積が一定なら[4]，その中に入る光子の数の割合は，ほぼ R^2 に反比例して減少してゆく．また別の例として，水面を同心円状に広がっていく波を考える．光が広がってゆく場合と同様に，距離とともに波の強度は減少するが，水面の波は2次元的に伝わる波のため，その強度はほぼ距離 R に反比例して減少する．このような光や水面の波の強度と距離の関係を描くのに適しているのが両対数グラフである．上の例で出て来た二種類の距離依存 (a:光の広がりの場合, b:水面の波の広がりの場合) を両対数グラフとしてプロットしたのが図7であるが，いずれの場合も直線状になるのが分かる．また，二つの直線の傾きは異なり，その傾きの大きさから，3次元的に広がってゆく物理現象と，2次元的に広がってゆく物理現象の違いを明確に区別出来る．

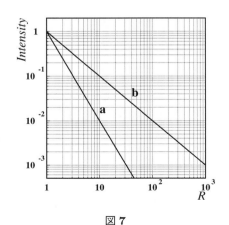

図7

---

[4] 実際には明るさが変わると瞳孔が調節されて面積が変わるのだが．

一般に次のようなべき関数は両対数グラフ上で直線状になる.

$$y = \alpha x^{\beta} \tag{K--3.2}$$

このべき関数の両辺の常用対数をとる.

$$\log_{10} y = \beta \log_{10} x + \log_{10} \alpha$$

両対数グラフの横軸に対応する量 $X = \log_{10} x$,縦軸に対応する量 $Y = \log_{10} y$ を用いると次のように書き直せる.

$$Y = \beta X + \gamma, \quad \gamma = \log_{10} \alpha$$

得られた関係式が直線を表す式になっており,その傾きがべき関数の次数 β になることが理解できるであろう.したがって,両対数グラフで直線となるのはべき関数であり,**物理量 X と Y の関係がべき関数になるような物理現象を扱う際に両対数グラフが役立つ**.

　一般的に,金属を冷やしてゆくとその電気抵抗は温度とともに減少し,絶対温度を T とすると,T^5 に比例する傾向がある.さらに低温になるとその振る舞いが T^2 に比例する傾向に変化するというような現象が見られ,これは金属中で起こっている物理現象と密接な関係がある.また,一次宇宙線 (宇宙を漂う超高エネルギーの放射線) のエネルギー分布は,べき関数でよく近似できるということが知られている.一次宇宙線の起源はまだ完全には分かっていないが,べき関数のエネルギー分布は一次宇宙線が作られる物理的な環境や過程と関係があると考えられている.このように,様々な物理現象や自然現象にべき関数が関わっており,その物理現象の本質が一目見て理解できるという意味で,両対数グラフが非常に役立っている.

　実験データから (K--3.2) 式に出て来る α と β を求める方法を説明する.まず,α は横軸の値が 1 のときの縦軸の値を読めばよい.次に,両対数グラフ中の直線の傾き β を求める方法がいくつかあるのでそれを説明する.

(a) 目視で出来る簡単な方法

　グラフを描いたその場で β の値を概算したい場合は,この方法がお勧めだ.図 7 を見ながら試してみよう.まず縦軸の値が 10 の整数乗になる横軸の値を探す.図 7 では直線 a, b 共に $R = 1$ で縦軸の値が $10^0 = 1$ となっている.次に,見付かった横軸の値の 10 倍の横軸の値を探す.図 7 では $R = 10$ がそれにあたる.その 10 倍の横軸の値に対応する縦軸の値が,最初の縦軸の値からグラフ上でどれだけ変化したかを見る.図 7 では $R = 1$ で 10^0 であったものが $R = 10$ では,a の場合 10^{-2} まで,b の場合 10^{-1} まで変化している.グラフ上の長さとして,この縦軸の変化量と縦軸の値が 10 倍変わったときの変化量の比を取ったが β である.図 7 では,a の場合グラフ上の長さで 2 倍,b の場合 1 倍変化しており,縦軸の数値は R の増加とともに減少しているので,それぞれ $\beta = -2$ および $\beta = -1$ となる.このように切りのよい数値の場合は β の値は簡単に求まるが,そうでない場合にも β のおおよその値は求めることが可能である.

(b) 定規で測る方法

　図 8 のような縦軸と横軸の目盛り間隔が等しい両対数グラフの場合 (市販の両対数グラフ用紙はそのようになっている),両対数グラフに定規をあて,長さ A と B を読み取れば,傾き β は

B/A で計算できる[5]. 図 8 の例で $A = 12.5\mathrm{cm}$, $B = 10.0\mathrm{cm}$ であれば $\beta = B/A \simeq 0.8$ である. もし, 図 9 のように横軸と縦軸の目盛りの間隔が異なっている場合には, さらに横軸と縦軸上で数値の 10 倍の変化 (常用対数の値は 1 変化) に対応する長さ C と D をそれぞれ定規で測り, $(B/D)/(A/C)$ を計算すればよい.

(c) 2 点のデータで概算する方法

(b) で述べた手順を数式で書くと

$$A = C\left(\log_{10} x_2 - \log_{10} x_1\right), \quad B = D\left(\log_{10} y_2 - \log_{10} y_1\right)$$

$$\beta = (B/D)/(A/C) = \frac{\log_{10} y_2 - \log_{10} y_1}{\log_{10} x_2 - \log_{10} x_1} = \frac{\log_{10} \frac{y_2}{y_1}}{\log_{10} \frac{x_2}{x_1}}$$

となることが分かる. したがって, 直線上の 2 点 (x_1, y_1), (x_2, y_2) の値が得られれば傾き β は定規がなくとも計算できる.

(d) 正確に求めたい場合

レポート書く際に β とその誤差 σ_β を求めたい場合には, 片対数グラフの場合と同様に, 直線 $y = ax + b$ を仮定した最小二乗法を用いるのがよい方法である. 実験で得られたデータ点 (x_i, y_i) $(i = 1, 2, \cdots)$ から, x_i と y_i の値の常用対数をとったデータ $(\log_{10} x_i, \log_{10} y_i)$ $(i = 1, 2, \cdots)$ を作成し[6], それに対して最小二乗法の計算を適用すればよい. 得られた直線の傾き a が, その実験データから得られる β の最確値となり, 誤差 σ_β は σ_a から求まる.

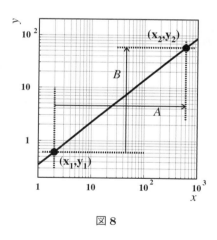

図 8

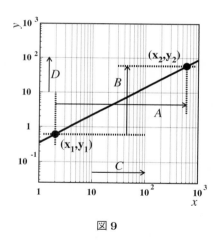

図 9

§4 コンピュータのソフトウェアを用いたグラフ作成

実験データをグラフにするには, 市販されているグラフ用紙を用いるのが一つの方法だが, 最近ではコンピュータのソフトウェアを用いてグラフを描くのも一般的になってきた. 使用するソフトウェアの例としては, いわゆる表計算ソフトウェアと呼ばれるジャンルに属するものがある.

---

[5] 定規で測る方法は不正確な印象を受けるかも知れないが, べき関数の次数 β の値に, とりあえずあたりを付けるにはそれほど悪くもない方法である.

[6] この場合には対数の種類 (常用対数や自然対数) には依らない. ただし, 対数の種類は x_i と y_i で同じでないといけない (二種類の対数を混ぜて使ったりしないように).

ここでは，コンピューターにあらかじめ保存してある実験データを模したデータファイルをグラフとして表示させることで，実験データの整理について学んでいこう．授業で配布される操作手順の文書に従って以下の事を実行してみよう．

1. コンピュータにログインし表計算ソフトを起動する．表計算ソフトのウィンドウを最大化する．

2. ワークシートのセルに $x = 1, 2, 3, \cdots$ と $y = x^2$ の値を入れ，それを 100 行コピーする．

3. 入力したデータをもとに，横軸 x，縦軸 y のグラフを作成する．

4. グラフの縦軸と横軸は最初はリニア表示になっている．横軸と縦軸をログ表示に変更し，両対数グラフとする．$y = x^2$ はべき乗の関数であるので，両対数グラフ上では直線となるはずである．

5. $y = (0.5)^x$ と $y = \ln x$ についても同様の操作をしてみる．

§5　グラフの描き方

　最近は，Excel 以外にも多くのグラフ作成ソフトウェアが市販されていて，データを入力するだけで，簡便にきれいなグラフが作成できるようになってきている．しかし，データの整理，レポートや論文などで，自分以外の人にデータを誤解なく理解できるようにグラフ化するには，それなりのルールを守る必要がある．その練習のために，この実験では，グラフ用紙にデータをプロットして，グラフの描き方を学んでもらう．ここで習ったグラフの描き方は，コンピューター・ソフトウェアを用いたグラフ作成にも役に立つので，十分に理解して，見た人が理解し易いグラフの描き方を習得しよう．

§5.1　グラフの必要事項と描き方

　図 10 を見ながらグラフの描き方をチェックしよう．

- 図 10(A) がグラフの最低限必要な項目である．
  - この例は 2 つの物理量の間の関係を示すためのグラフであるので，2 本の軸が必要になる (ここでは重さと長さとした)．軸を定規を使って明瞭な直線で表示する．元々あるグラフ用紙の線は，あくまでも目安であるので，必ず軸を「自分で」表示すること．これが自分が示す軸だと言うことを明示する．
  - 軸には必ず目盛りを入れること．データを描きやすいからと言って，中途半端な目盛り (たとえば，12.46 等の数字) を用いるのは，見る側がグラフ全体を把握しにくいので，切りの良い数字を均等に並べる．あまり多く並べる必要はなく，3〜5 くらいの数の数字が適当．
  - 軸には，その軸が示す物理量と単位を明示する必要がある．物理では，軸は「物理量」を示すので，そのまま「単位」を図のように明示する．化学では，軸は無次元の数字を表すと考えているので，軸の表示は，(質量/kg) などと物理量をその物理量の単位で割った形で表すことがあるが，物理ではこの方法は用いない．
  - これでグラフの骨格ができあがった．グラフが示す物理量の関係が明確にわかるよう

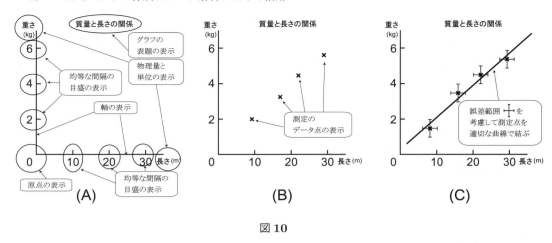

図 10

な**表題**を付けることを忘れないように.

- 図10(B) で示すように,グラフ上に測定点をプロットしていく.測定点は,明確にわかるように図のような×や○,●など,わかりやすい記号を用いると良い.最近,データ点が目立たずどこにあるかわからない,他の系列の記号と区別できない等の,不明瞭で汚いグラフが増えているので注意しよう.測定点には,必ず誤差が含まれている.誤差の範囲がわかるように,データ点には必ず図10(C) で示すような**誤差棒**を付けること.複数の測定が区別できるように記号を変えるのも良い工夫である.

- 測定点をプロットするだけでは,グラフは完成していない.図10(C) に示すように,2つの物理量の関係を表す最適な曲線を示すことを忘れないように.そのような曲線がわからない場合にも,いいかげんな線を引いてはいけない.線は曲がりくねっているのは不自然なので測定点を外してもよいが,測定点のまわりの誤差範囲内に真の値がある確率が高いと考えられるので,各測定点の誤差範の大小を考慮して線を引いていく.つまり,測定誤差の小さい測定点はなるべく近くを通るようにし,測定誤差の大きい点はある程度離れたところを通過しいてもよい.

- 上で述べたように,測定した点をプロットする場合は,●などの記号を用いるがその点の間を直線でつなぐのは勧められない.なぜなら,データ点は測定して初めて得られるものなので,データ点を直線でつないだ線上の値は意味がないからである (もし測定したら直線とは外れた位置にデータの値が得られるに違いない).それとは逆に,理論値をグラフにする場合は,曲線のみで描くのが望ましい.なぜなら,グラフを描く便宜上,或る点で理論値を計算したかも知れないが,理論上はその点は特別な点ではなく,曲線上のあらゆる点が同等に重要である.したがって,●などの記号を理論曲線上に打つのは勧められない.Excel などのソフトウェアを使ってグラフを作成するときには,特にこの点をよく考えてグラフ作成して欲しい.

§6　課題：Basic

　Excel を用いて，あらかじめ用意したファイルを表示し，以下の問に沿ってデータをグラフ化し，グラフ用紙にプロットして提出する．

問1　5つのデータファイルを Excel を用いてグラフ化する．縦軸，横軸の表示方法をいろいろ変更して，データが示している関数形を考えよ．グラフの軸の表示方法と関数形の関係については，§3.2 を参照せよ．

問2　問2でグラフ表示したデータを Excel で参照し，適当な点数を選んで (5点程度でよい)，各自適切なグラフ用紙 (等間隔，片対数，両対数) にプロットせよ．これより，片対数のグラフ，両対数のグラフの使い方を身に付ける．グラフの描き方については，§5 を参照せよ．

問3　これらの関数のグラフから x と y のデータの間の関係は，一次関数，指数関数，べき乗，その他の関数のうちどのような関係になっているか，関数の係数を含めて求めよ．

§7　課題：Advanced

　余裕があったら，以下の事も試してみよう．

問4　Excel を用いて問3で得られた関数を計算して，問1で得られたグラフ上にデータ点と一緒に表示してみよう．得られた関数がデータ点をちゃんと表しているだろうか．

問5　Excel を用いた近似曲線の式の求め方を教えてもらって，問3と同じように関数形を求めて，問3で求めた式と比較してみるのも面白い．

K–3

K–4

オシロスコープの取り扱い

§1　はじめに

　オシロスコープは時間的に変動する電気信号を波形として視覚的に表示する装置である．物理学や工学など多くの分野で，主に同じ現象が時間的に繰り返して表れるのを観測するときに使われており，その使い方に習熟することは理系の学生の常識として大切なことである．どんな場合に使われているか例を示そう．

　一番多く利用されているケースは，電子回路の計測や評価である．この物理学実験でも，C実験やF実験で実際にオシロスコープを使った実験を行う．電子回路の実験では，高周波など電圧変化が非常に短い時間で繰り返されることが多く，オシロスコープが電圧測定などに適している．

　D実験で使用するような放射線検出器の調整にも，オシロスコープが使用される場合がある．放射線検出器そのものの信号，あるいは，前置増幅器を通した信号は，非常に時間幅の短いパルス状の電気信号となる．放射線検出器の信号をどのように活用するかを検討する際や，用意した信号処理装置の仕様に放射線検出器の信号が合っているかどうかを確認する際には，オシロスコープを用いるのが一般的である．物理学実験で使用する装置は，一般の電気製品と異なり，説明書通りつなげば動くというものではない．実験者が信号を見ながら，計測システムが正常に動作していることを確認する必要がある．また，思ったようにシステムが動かない場合のトラブルシューティングの際に活躍する．

　医学分野では心電図等の体から出る情報を画面に表示するが，これも一種のオシロスコープの利用例である．

　以上のようにオシロスコープはあらゆる分野に基本的測定器として利用されている．君たちがこれから専門分野に進級して，勉強，研究する場合この技術は必ず必要になるので十分習熟して欲しい．

§2　目的

　この実験では，オシロスコープと発振器を用いて，オシロスコープの動作を理解し，基本的な取り扱い方を習得することを目的としている．

§3 測定装置

§3.1 オシロスコープ

オシロスコープは電圧信号波形を画面上に表示するための装置である．オシロスコープの画面は，通常の使い方では水平軸 (x 軸) に時間 t を，垂直軸 (y 軸) に電圧 V を表示し，入力された電圧信号の時間変化を直接見ることができる．また交流信号の電圧値，周期の値を画面から読み取ることも可能である．デジタルオシロスコープでは，測定データをメモリ上に記録したり，これらの値が数値で画面に表示できるものもある．

K-4

§3.2 発振器

交流の電気信号を作り出すための装置である．交流信号の形 (この実験では正弦波と方形波の2種類を使用)，周期 f，電圧振幅 V を自由に変えることができる．最新のものでは非対称な方形波やコンピュータで作成した任意波形等も出力できる．

§3.3 マイク及びマイク用アンプ

マイクとマイク用アンプを使って音声信号を電気信号に変換しオシロスコープ上でその波形を観測する．音声信号はマイクによって微弱な電気信号に変換されるので，オシロスコープで小さな電圧値の観測が必要となる．また，マイクの種類によっては，増幅率の大きなアンプが必要になる場合がある．

§4 オシロスコープと発振器の簡単な取り扱い方法

最初に発振器とオシロスコープの前面パネルのつまみとスイッチ類について説明し，その後で両者の接続方法について説明する．

§4.1 オシロスコープと発振器の機能とスイッチの説明

オシロスコープ，発振器の前面パネルには通常多くのつまみやスイッチがついており，一見するとたいへん複雑な印象を受ける．確かにすべての機能を習得するには時間が必要であるが，ここでは発振器の出力信号をオシロスコープ上で観測するために必要な最低限の知識について紹介する．オシロスコープ，発振器ともに製造会社によりスイッチなどの配置に違いはあるが，基本的なスイッチ類とその取り扱いは似たものなっている．実際に操作する装置で，それぞれのスイッチ類の位置と操作を確認しながら以下の説明を読むこと．

図1と図3に発振器とオシロスコープの典型的な前面パネルが示されている．以下にその機能について最低限必要と思われる説明をする．

(1) 発振器の扱い方

前面パネルのスイッチは図1に示した5種類の機能に分けられるので順を追って説明する．

周波数の設定

まず，周波数は (a) **FREQUENCY** ボタンを押し (b) パネル表示 **F** の値を変更して設定する (F は Frequency の意味)．周波数の数値と単位の変更は，(c) 矢印キーと (d) **MODIFY** ダ

周波数を変える
(a) FREQUENCY
(b) パネル表示 F

振幅を変える
(f) AMP/OFS
(g) パネル表示 A と 0

波形を変える
(e) FUNCTION

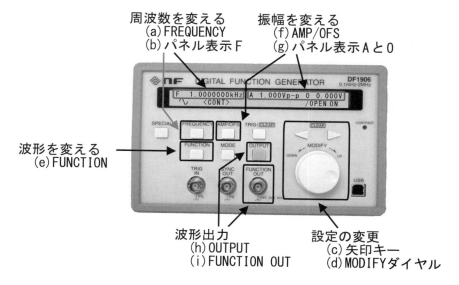

波形出力
(h) OUTPUT
(i) FUNCTION OUT

設定の変更
(c) 矢印キー
(d) MODIFY ダイヤル

図 1　発振器の前面パネル

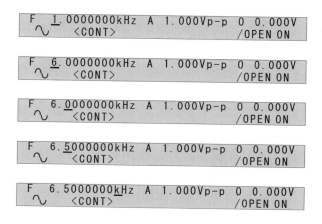

図 2　周波数の設定手順

イヤルを使って変更する．

　周波数を 6.5 kHz に設定する場合のパネル表示の変化を，図 2 に上から下に順を追ってかいて
いる．(a) FREQUENCY ボタンを押すと (b) パネル表示 F の値の下にカーソル (下線) が
表示される．カーソル位置は (c) 矢印キーを用いて左右に移動できる．図 2 の一番上の状態で
は 1 kHz の桁にカーソルがある．この状態で (d) MODIFY ダイヤルを回すとカーソルのある
1 kHz の桁の数値が変更できる．数値を 6 に設定した後に，右向きの (c) 矢印キーを押すとカー
ソルは 0.1 kHz の桁に移動する．再び (d) MODIFY ダイヤルを回し，値を 5 に設定すればよ
い．カーソルキーが単位の下にある場合 (図 2 の一番下の状態)，単位の切り替えができる．

　波形の設定

　波形は (e) FUNCTION ボタンを用いて選択する．正弦波，ランプ波 (三角波)，方形波，直
流が選択できる (この授業では主に正弦波と方形波を用いる)．現在の波形設定はパネル表示の左
下に，∿，〳，⊓，DC 等のシンボルで表示される．

電圧の設定

電圧振幅も周波数と同様に，**(f) AMP/OFS** ボタンを押し **(g) パネル表示 A と O** の値を変更して設定する (AMP および A は Amplitude，OFS および O は Offset の意味)．ボタンを一回押すと Amplitude の変更，もう一度押すと Offset の変更モードになる．ここでも数値と単位の変更には **(c) 矢印キー**と **(d) MODIFY ダイヤル**を用いる．Amplitude の単位として表示されている Vp-p は，交流信号の最大電圧と最小電圧の差 (peak-to-peak voltage) で定義される．したがって，正弦波などの場合，振幅 1 V の信号は −1 V から +1 V まで電圧が変化するので，2 Vp-p ということになる．この二つの表記を混同しないこと．なお，この授業では Offset は常に 0 V としておくこと．

K–4

信号の出力

この発振器で作られた交流信号は **(i) FUNCTION OUT** コネクタより出力され，信号を出力するか否かは **(h) OUTPUT** ボタンを押して切り替える．現在の状態はパネル表示の「ON」または「OFF」にて確認できる．

その他の操作

もし，設定を変え過ぎて自分では元に戻せなくなった場合は，**SPECIAL** ボタンを押した後，**TRIG/CLEAR** ボタンを押せば初期設定にリセットされる．実験が終了した際には，**(h) OUTPUT** ボタンを押して出力を「OFF」にし，**(i) FUNCTION OUT** コネクタにつないだコネクタあるいはケーブルを取り外し，最後に発振器の電源を切る．

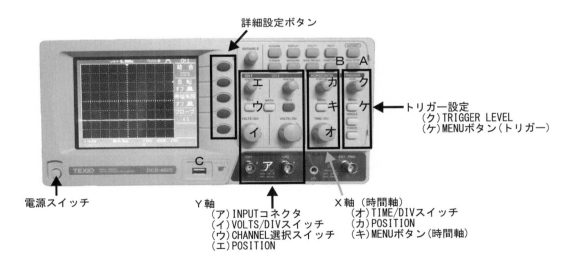

図 3 オシロスコープの前面パネル

(2) オシロスコープの扱い方

前面パネルのスイッチ類は図 3 に示した 4 種類の機能に分けられる．

オシロスコープの動作原理

オシロスコープの取り扱いを理解するためには，オシロスコープの動作原理を知っておく必要がある．そこで，この実験で用いるデジタルオシロスコープの動作について説明する．

(ア) INPUT コネクタから入力された電気信号は，その電圧 (アナログ値) が 1 ns 程度の時間間隔で 8 bits 程度の 2 進数 (デジタル値) に変換される (アナログ-デジタル変換，AD 変換)．変換後のデジタル値は入力された信号電圧と比例関係になるが，その比例係数は **(イ) VOLTS/DIV** スイッチで自由に調整できる．こうして得られたデジタル値を縦軸 (Y 軸) にとり，横軸 (X 軸) を時系列として液晶ディスプレイに表示することで，電気信号の時間変化がグラフとして観察できる．

信号の入力と電圧と時間表示の調整

今回用いるデジタルオシロスコープには二つの INPUT コネクタ (CH1 と CH2) があり，両方の信号波形を別々あるいは同時に表示できる．その表示の ON/OFF は **(ウ) CHANNEL** 選択スイッチを用いて行う．表示された電気信号の波形は，**(エ) POSITIN** つまみを調整して上下方向に自由に移動できる．このときできるだけ信号を大きく画面に映し出した方が読みとり誤差が小さくでき精度よい測定が行える．液晶ディスプレイに表示する時間範囲は，**(オ) TIME/DIV** スイッチにより自由に調整でき，波形は **(カ) POSITION** つまみを用いて左右に自由に移動できる．

上で説明した VOLTS/DIV スイッチと TIME/DIV スイッチの現在の設定値は液晶ディスプレイの最下部に表示される (図 4 の画像の最下部)．この設定値は液晶ディスプレイに升目状に表示された線間の 1 升分に対応する値を与える．例えば TIME/DIV の設定値が 1 ms，VOLTS/DIV を 1 V に設定すると，画面の横 1 升が 1 ms に，縦 1 升が 1 V に対応する．

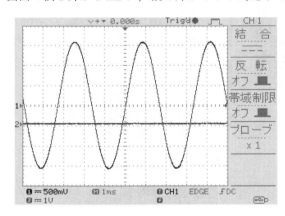

図 4　画面の最下部には現在の VOLTS/DIV の値 (CH1 が 500 mV，CH2 が 1 V)，TIME/DIV の値 (1 ms) などが表示される．

トリガー機能

通常，電気信号波形にはノイズが乗っているが，1 波形の表示のみでは本来の信号とノイズの区別が困難な場合がある．しかし，多数の波形をディスプレイ上に重ね描きすることで，本来の信号成分とノイズ成分の分離が容易になる．ところで，入力される電気信号が周期的な場合であっ

ても，その周期とオシロスコープの液晶ディスプレイに表示される周期は一般的には一致しないため，そのままでは位相の異なる信号波形が重ね描きされてしまい信号波形の観測が困難である．これを解決するために，信号の周期と液晶ディスプレイに表示する周期の同期 (Synchronization) をとるのがトリガー機能である．

トリガーの閾値

最もよく使われるトリガー機能では，デジタル値をモニターしその値がある閾値 (Threshold) を下から上 (あるいは上から下に) 超える時刻を基準にして信号波形をディスプレイに表示する．この閾値は **(ク) TRIGGER LEVEL** つまみで自由に調整できる．電気信号波形の一周期にこの条件をみたす部分が一箇所しかない場合 (多くの電気信号ではこれが成り立つ)，電気信号波形の位相をそろえた重ね描きが可能となる．また，電気信号が非周期的で散発的な波形 (パルス波形) であっても，閾値を適切に設定すればパルス波形の重ね描きができる．したがって，信号波形を観察し易い形で表示するためにはトリガー機能の設定が非常に大事である．

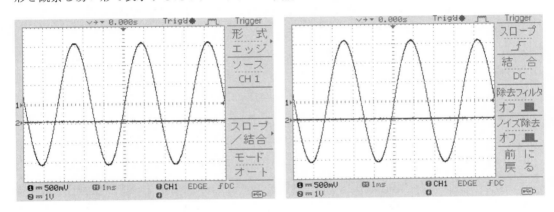

図 5 トリガーの詳細設定画面 (各画像の右側)．(左) トリガー機能の詳細設定画面と (右) さらにスロープ／結合の設定に入った画面．

トリガーの詳細設定

今回用いるデジタルオシロスコープでは，トリガー機能の詳細はトリガー設定部分の **(ケ) MENU ボタン**を押し，そのあと液晶ディスプレイ右横の**詳細設定ボタン**にて設定する．トリガー機能の詳細設定画面の様子を図 5 に示す．このオシロスコープには 2 つの INPUT コネクタ (CH1 と CH2) があるので，トリガー機能の閾値をどちらの信号と比べるか指定する必要がある (左の画像のソースの設定)．また，トリガー機能には上で説明したような動作モード (NORMAL モード) 以外にも，オシロスコープがある程度自動で閾値を調整するモード (AUTO モード) があり，目的に応じて使い分ける必要がある (左の画像のモードの設定)．上で述べた，トリガー機能で閾値を下から上に超えるか上から下に超えるかの設定は，**スロープ／結合**のボタンを押し次の画面に入り**スロープ**で設定する (右の画像)．

信号入力の詳細設定

Y 軸の設定でも，**(ウ) CHANNEL** 選択スイッチを押したときに，詳細設定ボタンによる設定が可能である (図 4 の画像の右側)．なお，CH1 と CH2 の設定は独立に行うことができる．よ

く使うものとしては結合の設定があり，**DC 結合**，**AC 結合**と**接地** (GND) の切り替えが可能で，現在の設定がシンボル的な絵 (直流 ⎓，交流 ∿，接地 ⏚) で示される．

　以上のスイッチ類を用いれば入力された交流信号をオシロスコープのディスプレイ上に同期させて映しだすことができる (その電圧振幅値も容易に読みとれる)．オシロスコープの機能はこれ以外にもまだまだある．それらについては説明書を参考に各自で実際にスイッチを操作しながら習得せよ．無理な力を加えない限りスイッチ操作で壊れることはないので積極的に操作すること．

§4.2　オシロスコープと発振器の接続

　次に今回の実験でのオシロスコープと発振器の接続方法について説明する．

1. オシロスコープ側の準備としてトリガーを設定する．トリガー設定の **(ケ) MENU** ボタンを押す．詳細設定ボタンを使って，**形式はエッジ**にし，**ソース**は使用する INPUT コネクタ (CH1 または CH2) に従って **CH1** か **CH2** を選ぶ (以下では CH1 を選択したとして説明する)．**モードはオート**にする．

2. **(ウ) CHANNEL** 選択スイッチの CH1 ボタンを押し，詳細設定ボタンで**結合**を**接地** (接地マーク) にする．このとき画面上に水平に色付きの線が見えるはずである．見えない場合や上下どちらかに線が寄り過ぎている場合は **(エ) POSITION** つまみで画面中心に線をもってくる．その後，**結合**は **AC 結合** (交流マーク) にする．

3. 発振器の設定としてまず **(e) FUNCTION** ボタンで正弦波形を選択する．

4. **(a) FREQUENCY** ボタンを押し **(b)** パネル表示 **F** の周波数を **(c)** 矢印キーと **(d) MODIFY** ダイヤルを使って変更する．とりあえず周波数 f は 1 kHz とする．

5. 次は，**(f) AMP/OFS** ボタンを押し **(g)** パネル表示 **A** と **O** の値を **(c)** 矢印キーと **(d) MODIFY** ダイヤルを用いて変更し，電圧振幅を設定する．とりあえず信号振幅は 2 Vp-p とする．

6. オシロスコープの **(ア) INPUT** コネクタへ発振器の **(i) FUNCTION OUT** コネクタから電圧信号を入れる．発振器のパネル表示が「OFF」の状態であれば，**(h) OUTPUT** ボタンを押し「ON」の状態にする．

7. オシロスコープの X 軸，Y 軸の値が適切であればディスプレイ上で正弦波が観測される．もし正弦波が見えず直線のままの場合は，**結合**の設定が**接地**のままになっていないか確認する (正しくは **AC 結合**)．また，振幅が画面上で小さいならば，**(イ) VOLTS/DIV** スイッチを右に回していって適切な値でとめる．このとき電圧振幅は画面上での振幅値 (升目単位) に **VOLTS/DIV** の値をかけたものとして与えられる．X 軸もまた **(オ) TIME/DIV** スイッチで適切な値を選ぶ．

　以上で入力信号を画面上に映しだすことは最低限可能なはずである．もうまく信号が映らないときは，もう一度ここに書いてある手順を確認し，それぞれの説明書を参考にして操作せよ．

§5 課題

問1 マイクをアンプに接続し，アンプから同軸ケーブルをオシロスコープに接続する．オシロスコープの TIME/DIV (時間軸) を 250 ms 程度にしてマイクに向かってアイウエオのような母音を連続的に出してみよう．声の音程や大きさを変えたとき画面にどのような波形が現れるかを観察しよう．さらに同じ音程，大きさを維持したとき，画面の波形はどのように変化するかも観察しよう．

なお，観察のために画面を一時的に止めたい場合は，図3の **(A) RUN/STOP** ボタンを押せばよい (再スタートはもう一度押す)．また，ディスプレイに表示された波形は，図3の **(C) USB** コネクタに USB メモリーなどの記憶媒体を挿した状態で **(B) HARDCOPY** ボタンを押せば保存できる．

問2 発振器をオシロスコープにつなぎ，発振器で発生させた交流信号をオシロスコープに映し出し，信号の同期をとれ．そのとき，トリガー設定の TRIGGER LEVEL やスロープを変化させると何が起こるかを，正弦波と方形波のそれぞれについて観測し，なぜそうなるのかを考えよ．

問3 発振器からある周波数の交流信号を発生させ，その信号の周期をオシロスコープを用いて測定せよ．

問4 入力信号を一定にしておいて VOLTS/DIV の値をいくつか変えて電圧振幅を読み取り，このときの電圧振幅測定精度を評価せよ．

問5 変位の方向が互いに垂直な (例えば X 方向と Y 方向) 場合の単振動を合成して得られる運動の軌跡をリサジュー図形と呼ぶ．オシロスコープと発振器2台を用い，このリサジュー図形を描かせてみよう (2班合同の実験となる)．一台の発振器の出力はオシロスコープの **CH1** へ，もう一台の発振器の出力は **CH2** へ入れる．X 軸の設定の部分の **(キ) MENU** ボタン (時間軸) を押し，詳細設定で **XY** のボタンを使用する (元の設定に戻るにはメインのボタンを押す)．リサジュー図形を見易くするには，発振器の周波数は低目に設定するのがよい (1 kHz 以下)．

得られたリサジュー図形から，2台の発振器の周波数比と位相の関係を考察せよ．次に，周波数比 1:1 を可能な限り厳密に実現し，描画図形の運動を測定することによって，2つの周波数の一致の程度を定量的に評価せよ．2つの発振器の周波数の表示は相対的にどの程度一致しているかも評価せよ．

第3編＝テーマ別専門実験編

部門A

力　学

§1　はじめに

力学は，高校の物理でも最初に習った方が多いだろう．微分方程式を用いて自然現象を取り扱う物理でおなじみの手法も，歴史的にはニュートンによって調べられた力学の問題から始まっている．ニュートンに先立つこと約 100 年前のガリレオ・ガリレイは，数式を用いた自然現象の理解により物理学史に名前を残しているが，彼が調べた現象も，力学が対象とする現象である．このような意味で，力学は物理学の基礎と位置づけられてきた．ここでは，私たちにもっとも身近な重力について調べることができる振り子の実験を行ってみよう．

§2　Borda の振子による重力加速度の測定
§2.1　重力加速度とニュートン

みなさんは，重力加速度 g が

$$g = \frac{GM}{R^2}$$

と近似的に表されることをよく知っているでしょう．ここで G は重力定数，M および R は地球の質量および (平均) 半径である．この式を導出したニュートン (Isaac Newton，1642〜1727，英) は，自然を記述するのにふさわしい「言語」として「微分法」を提唱し，それに基づいた「運動方程式」を用い，太陽と惑星の間には「万有引力 (重力)」が働いていることを示した．「ニュートンは，木から落ちるリンゴを見て万有引力を発見した」という有名な逸話は，実際には以下のような重要な意味を持っていた．

ニュートンの時代には，天体の運動と地上での物体の運動は全く別のものと考えられていた．ニュートンは，「リンゴが落下するのはリンゴと地球の間に働く重力のせいだ，地上の運動も天体の運動も全く同じ運動方程式と重力によって理解できるのではないか」と考えたのである．それを定量的に示すためには，リンゴに働く重力を見積もらなければならない．すなわち，大きさを持った地球がリンゴに及ぼす重力を計算しなければならない．「地球の全質量が中心に集中しているとしたときの式と同じになる」という，いまでは大学一年生の演習問題として課せられるこの問題の答えを見い出すのに，ニュートンは自らあみだした「積分法」を用いた．質量 m のリンゴに働く重力の大きさが

$$mg = \frac{GmM}{R^2}$$

であるならば，時間 t 秒間にリンゴが落下する距離が $\frac{1}{2}gt^2$ であることは，彼の運動方程式から直ちにわかる．一方，月が地球の周りを公転するのは，月と地球との間に働く重力によって「月が地球に落下している」のだと考えた．その「落下距離」は公転軌道半径 (R') と公転周期から求められる．同じ時間の間にリンゴと月が落下する距離の比が $(R'/R)^2$ に等しいという結果から，ニュートンは，月もリンゴも地球との間で同じ式で与えられる重力が働き，運動していることを，定量的に証明したのである．こうして，天体の運動と地上での運動が本質的に同じ運動法則と同じ力で説明できることが証明された．天上と地上の運動を統一的に理解したニュートンの偉大さがここにある．

部門A

§2.2 Borda の振子

　この実験課題で扱う「Borda の振子 (Borda's pendulum)」は，ボルダ (Jean Charles de Borda, 1733-1799, 仏) によって重力加速度 g を精密に測定するための装置として考案されたものである．十分に重い金属球を金属の線で吊し，金属線をナイフエッジのある支持具に取り付けて振動させる．このような振子は，厳密には質量が空間的に分布した「剛体振子」として扱わなければならないが，金属線の質量を十分に小さくし長さを金属球の半径よりも十分に長くしておくと，金属球の質量に等しい質量を持った「質点」が金属線の長さの距離で振動する「単振子」として近似できる．Borda の振子の周期は，単振子の周期に極めて小さい補正項を加えたものになる．

　ボルダは，クーロン (Charles Augustin de Coulomb, 1736-1806, 仏) とともに，フランスにおける物理科学のルネサンスをもたらした人物と評されている．ボルダは，流体力学を理論と実験の両面から研究し，ニュートンの流体抵抗理論の誤りを指摘したことで知られている．彼の流体力学に関する研究成果は船舶や大砲の設計に応用された．彼の最大の功績は，「Borda の振子」のような飛躍的に精度の高い計測器の発明であると言ってよいであろう．精密な重量計は化学に大きな発展をもたらした．また，フランス革命後，フランス政府が行った大規模な子午線弧長の測量にとって，彼の計測器は不可欠であった．ボルダは，自ら発明したポータブルな精密機器を用いて，このメートル法制定事業の推進役を務めた．こうして，ダンケルク (Dunkirk) バルセロナ (Barcelona) 間の距離から「メートル」という長さの単位が決められた．「メートル」という名称はボルダによって提唱されたものである．

§3 目的

　Borda の振り子を用いて重力加速度を 10^{-3} より高い精度で求める実験を行い，ニュートンが提唱した力学について学ぶ．振り子の周期と支点から重心までの長さの測定精度に基づいて，得られた重力加速度の有効桁数と誤差を評価する．

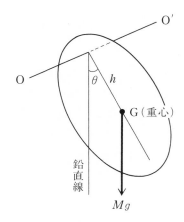

図 1 剛体の回転

§4 理論

§4.1 重力加速度の導出方法

　図1のように水平軸 OO′ で支えられている剛体 (質量 M) の運動を考える．重心 G と回転軸との距離を h，回転軸に関する剛体の慣性モーメントを I とすると，この剛体の回転に対する運動方程式は

$$I\frac{d^2\theta}{dt^2} = -Mgh\sin\theta \tag{A.1}$$

と書ける．もし θ が十分に小さいならば $\sin\theta \cong \theta$ と近似できて

$$\frac{d^2\theta}{dt^2} = -\frac{Mgh}{I}\theta \tag{A.2}$$

すなわち，剛体は単振動を行う．

$$\theta = \theta_0 \sin\omega t \tag{A.3}$$

とおくと

$$\omega^2 = \frac{Mgh}{I} \tag{A.4}$$

だから振動の周期は

$$T = \frac{2\pi}{\omega} = 2\pi\sqrt{\frac{I}{Mgh}} \tag{A.5}$$

で与えられる．したがって，

$$g = \frac{4\pi^2}{T^2}\frac{I}{Mh} \tag{A.6}$$

となる．いま，剛体として図2のような Borda の振子を考える．この振子がナイフエッジの支点 D を軸として一体となって振動するとする．球錘とピアノ線をナイフエッジ DEF からはずし，DEF だけを振らせたときの振動の周期 T_0 と Borda の振子全体の振動の周期 T が等しいときは，ナイフエッジ DEF 部分の質量，慣性モーメントを考える必要がない (注1)．さらに，ピアノ線の質量および慣性モーメントが球錘のそれに比べて充分に小さいとすると，式 (A.6) の慣

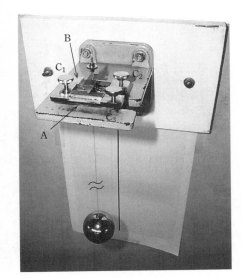

図 2　Borda の振子

性モーメントとしては球錘の回転軸 D のまわりの慣性モーメント，すなわち質点の慣性モーメントと球錘の慣性モーメントのみを考えればよいから

$$I = Mh^2 + \frac{2}{5}Mr^2 \tag{A.7}$$

ただし，振子の長さ l，球錘の半径 r を用いて $h = l + r$ であり，振子の周期 T および l, r を測定すれば，重力加速度 g を

$$g = \frac{4\pi^2(l+r)}{T^2}\left\{1 + \frac{2}{5}\left(\frac{r}{l+r}\right)^2\right\} \tag{A.8}$$

によって求めることができる．

§4.2　測定精度

g をある精度で求めようとするとき，測定量 T, l, r はそれぞれどのくらいの精度で測定しなければならないのかを考えてみる．T, l, r がそれぞれ有限の誤差 $\Delta T, \Delta l, \Delta r$ をもって測定されたとすると，g の誤差 Δg は，誤差伝播法則により (20 ページの §9.4(5) 参照)

$$\Delta g = \left\{\left(\frac{\partial g}{\partial T}\right)^2(\Delta T)^2 + \left(\frac{\partial g}{\partial l}\right)^2(\Delta l)^2 + \left(\frac{\partial g}{\partial r}\right)^2(\Delta r)^2\right\}^{\frac{1}{2}} \tag{A.9}$$

したがって，g の相対誤差は

$$\frac{\Delta g}{g} = \left\{\left(\frac{\partial g}{\partial T}\right)^2\left(\frac{\Delta T}{g}\right)^2 + \left(\frac{\partial g}{\partial l}\right)^2\left(\frac{\Delta l}{g}\right)^2 + \left(\frac{\partial g}{\partial r}\right)^2\left(\frac{\Delta r}{g}\right)^2\right\}^{\frac{1}{2}} \tag{A.10}$$

である．(A.8) 式を用いて右辺を計算してみると，第 1 項は $\left(2\dfrac{\Delta T}{T}\right)^2$ である．Borda の振子の場合には $l \cong 200$ cm, $r \cong 2$ cm であるから $r/l \cong 10^{-2}$. 以下 r/l のオーダーの項を無視するこ

とにすれば，第 2 項は $\left(\dfrac{\Delta l}{l}\right)^2$ である．第 3 項は $\left(\dfrac{r}{l}\dfrac{\Delta r}{r}\right)^2$ となる．

以上をまとめると

$$\frac{\Delta g}{g} = \left\{ \left(2\frac{\Delta T}{T}\right)^2 + \left(\frac{\Delta l}{l}\right)^2 + \left(\frac{r}{l}\frac{\Delta r}{r}\right)^2 \right\}^{\frac{1}{2}} \tag{A.11}$$

すなわち，T の測定には l の測定の 2 倍の精度が要求されるが，r の測定は r/l の項のために l の精度より 2 桁悪い精度でもよいことがわかる．いま g を有効数字 4 桁で求めるにはどうすべきかを検討してみよう．たとえば，g = 979.6 cm/s^2 で Δg を 0.1 cm/s^2 の程度にまで小さくすることを目標にするとすれば，$\Delta g/g \cong 10^{-4}$ のオーダーとなる．したがって，$T \cong 2$ s, $l \cong 2$ m, $r \cong 2$ cm とすると $\Delta T \cong 0.0001$ s，$\Delta l \cong 0.2$ mm，$\Delta r \cong 0.2$ mm の精度がそれぞれ要求されることになる．

また，振れの角 θ が大きくなるにつれて $\sin\theta \cong \theta$ と近似することができなくなり，式 (A.1) の線形性が破れてくる．振子の周期を測定して求められる重力加速度 g について，最大振れ角 θ_0 が充分に小さくないときには，(A.8) 式で求めた重力加速度を $g_{(8)}$ と表すと，

$$g \cong g_{(8)}(1 - \frac{\theta_0^2}{8}) \tag{A.12}$$

となり，振れの角 θ_0 が充分に小さくないときには $\dfrac{\theta^2}{8}$ 程度の補正が必要となる (付録-2 参照)．いま g の精度として 10^{-3} を要求すると，(A.8) 式を用いて g を求めるためには，

$$\frac{\theta_0^2}{8} < 10^{-3}(\theta_0\text{の単位は radian}) \tag{A.13}$$

したがって，$\theta_0 \simeq 5.1°$ 程度以上に振子を振らせてはならないことになる．同様にして，10^{-4}，10^{-5} の精度を要求するのなら，それぞれ 1.6°，0.5° 以上振らせてはならないことになる．ただし，T, l, r がそれぞれの精度で測定されていなければならないことは言うまでもない．

注 1

ナイフエッジ DEF 部分の周期と振子全体の周期が等しいときにはナイフエッジ DEF の慣性モーメントを考える必要がないことを証明する．ナイフエッジ DEF，ピアノ線，球錘の質量をそれぞれ M_1, M_2, M_3，それらの重心から回転軸までの距離をそれぞれ h_1, h_2, h_3，回転軸の周りの慣性モーメントをそれぞれ I_1, I_2, I_3 とする．全質量 M，全慣性モーメント I とすると，

$$M = M_1 + M_2 + M_3$$

$$I = I_1 + I_2 + I_3$$

を用いて振子全体の周期は (A.5) 式のように表わされるが，重心の定義により

$$Mh = M_1h_1 + M_2h_2 + M_3h_3$$

したがって，

$$T = 2\pi\sqrt{\frac{I}{Mgh}} = 2\pi\sqrt{\frac{I_1 + I_2 + I_3}{(M_1h_1 + M_2h_2 + M_3h_3)g}}$$

次に，ナイフエッジ DEF のみについての振動の周期 T' は

$$T' = 2\pi\sqrt{\frac{I_1}{M_1 h_1 g}}$$

である．いま $T = T'$ となるようにナイフエッジの周期を調整したとする．上の 2 つの式より

$$\frac{I_1}{M_1 h_1} = \frac{I_1 + I_2 + I_3}{M_1 h_1 + M_2 h_2 + M_3 h_3}$$

これを整理すると

$$\frac{I_1}{M_1 h_1} = \frac{I_2 + I_3}{M_2 h_2 + M_3 h_3}$$

したがって

$$T = T' = 2\pi\sqrt{\frac{I_1}{M_1 h_1 g}} = 2\pi\sqrt{\frac{I_2 + I_3}{(M_2 h_2 + M_3 h_3)g}}$$

すなわち，振子全体の周期 T にはナイフエッジ DEF の質量，慣性モーメントとも入ってこない．Borda 振子の場合には $I_2 \ll I_3$, $M_2 h_2 \ll M_3 h_3$ であるから

$$T = 2\pi\sqrt{\frac{I_3}{M_3 h_3 g}}$$

とよい精度で近似できる．

§5 装置
- Borda の振子の装置一式 (図 2)
- ピアノ線
- ストップウォッチ
- 物差し (2 m，最小目盛 1 mm)
- 水準器
- ノギス (分解能 0.05 mm)
- ドライバー・脚立などの工具類

§6 実験方法
§6.1 測定の手順
1. まず，図 2 のように壁に取り付けられた金属製の取り付け台 A の上に U 字型のナイフエッジ支持台 B をのせ，水準器を用い，ネジ C_1, C_2 を調節してナイフエッジ支持台の上面を水平にする．
2. ナイフエッジの先端 F と球錘 J をピアノ線で連結し，ナイフエッジ支持台 B の上に図 2 のようにのせ，10 回ぐらい振らせて周期 T'' を測定してみる．このとき，球錘は壁の目盛板の下にくるようにしておく．
3. **試し測定** 球錘とピアノ線をナイフエッジ DEF からはずし，DEF だけを振らせてその周期 T' が先に測定した振子の周期 T'' に等しくなるようにネジ E を調節する．±10% 以

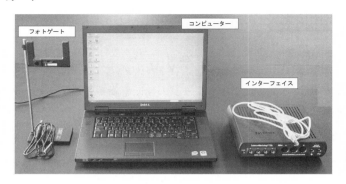

図 3　コンピューターを用いた周期の測定装置

内の精度 ($|T'' - T'|/T'' < 0.1$) を目安にして調整する．(物理振子は剛体であるとしている．これらの周期を等しくして E, F, J の 3 点が常に一直線上にあるようにしておくわけである．)

4. 再び球錘を取り付け，長さ l を複数回測定しておく．現実的な読み取り分解能については各自考察して決める．

5. 振子を静かに振らす．このとき，球錘が回転していたり，円錘振子になってはだめである．すなわち点 E, F, J が同一平面上にくるようにしなければならない．またナイフエッジの支点 D の線がこの平面に垂直になっているべきである．これらのことに十分注意すれば振子は一つの剛体として振動しているはずである．

6. 最大の振れ角 θ_0 を測定する．これは球錘 J 点での最大振幅 w を測定し，$\theta_0 \cong \sin\theta_0 = w/l$ で求める．(A.13) 式の条件を満たしていることを確認する．

7. 周期を測定する．下記「周期の測り方」を参照して必要な精度を出せるようにする．平均周期 T の誤差 ΔT も求める．

8. 再び l を複数回測定し，はじめの測定値 (平均値) との差を求める．p.66 の「測定における平均誤差」を参考に求めた Δl と比較して差が大きくなった場合には原因について考える．

9. 球錘の直径 d をたがいに直角なる方向より複数回測定する．K–1 章の「ノギスによる測定」を参考に 1/20 mm の精度で読み取る．複数回の測定を平均し，半径 r を計算する．p.66 の「測定における平均誤差」を参考に Δr を求める．

10. 測定した T, l, r を用いて (A.8) 式から重力加速度 g を求める．

11. 同様に (A.11) 式から重力加速度 g の誤差 Δg を求める．

12. 上記を基に g の有効桁数を決定し，誤差とともに重力加速度 ($g \pm \Delta g$) の測定結果を記す．

§6.2　周期の測り方

周期の測定はコンピューターを用いて行う (図 3)．図 4(a) で示すように，「門」という字をひっくり返したようなフォトゲートという装置の間に，球錘が来るようにセットする．図 4(b) のように，図の AB 間 (ゲートと呼ぶ) を光が通っているので，球錘が光を遮ることで，球錘がゲートを通過したことをコンピューターが判断し，一往復する時間 (周期) を測定することができる．した

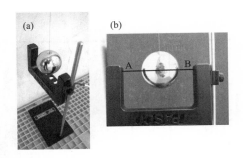

図4 (a) フォトゲートに球錘をセットした様子. (b) 横から見たフォトゲートと球錘の位置関係.

部門A

図5 インターフェイス

がって, 球錘がゲートをよぎらないと測定できないので球錘とゲートの位置関係に注意すること. また, 振り子の振り幅があまり小さいと球錘が常に光を遮ったままになってしまい, 周期を測定できないこともあるので気をつけること.

　フォトゲートの出力はデジタル信号で出るので, 専用のケーブルを用いてインターフェイスのデジタル信号の入力コネクター (図5の矢印の位置) につなぐ. インターフェイスとコンピューターは, 付属の USB ケーブルで接続する. PASCO Capstone という測定ソフトを立ち上げ周期を測定する. PASCO Capstone は, 測った周期を横軸周期, 縦軸に観測された回数という形 (ヒストグラム, Histogram) で表示するモードを持っている. これらの使い方については, 配布プリントを参照すること.

　ソフトが機能すると, 図6のように測定結果が示される. このように測定のばらつきがはっきりわかるくらいの数の測定を行うこと. (具体的には, 300 周期から 500 周期くらい.) 図中の破線は, (付録-1.3) 式の正規分布関数 (p.130) を測定データにフィットさせたもので, フィットした分布関数のピークの値から周期 T とばらつき σ から誤差 ΔT が求まる. フィットの仕方につ

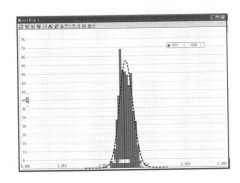

図6 測定例

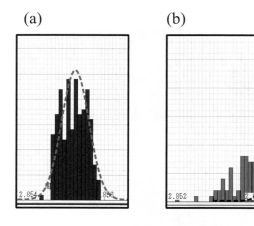

図 **7** 良くない測定例

いては配布プリントを参照すること. 図 6 から読み取った場合,

$$T = 2.8553\text{s} \tag{A.14}$$

$$\Delta T = 0.0003\text{s} \tag{A.15}$$

したがって $T = 2.8553 \pm 0.0003$ s.

　測定がうまくいっていないと, 図 7 のように正規分布から大きくずれてくる. (a) の場合, 全体に釣り鐘型のような分布をしており, (b) の場合, 低い周期側に分布が大きく尾を引いている. このような場合は, 振り子の振れ方が正確に単振動になっていない場合が多いので, 振り子をチェックして, もう一度, 設定から測定を行うようにした方が良い.

§6.3　測定における平均誤差

　誤差を求める方法は平均の分布法則 (K–1.6) 式 (p.20) に基づくもので, 誤差の原因が偶然的なものである. T の誤差に関してはある程度正当化できるであろう. 他方, l と r の誤差の原因としては, 使用した測定器具の測定精度に伴うもの以外に測定前後でのピアノ線の伸びやずれ (l に関して), 金属球の形状が完全な球でないこと (r に関して) に伴うものが考えられる. これらはいずれも偶然誤差とはいえない. そこで Δl については測定前後での l の平均値の差で, また Δr については最大半径と最小半径の差で評価せよ. ただし, これらの差が測定値のばらつきから求まる偶然誤差よりも小さくなったときには, 偶然誤差を Δl, Δr とせよ.

§7　課題：Basic

問1　周期 T, ピアノ線の長さ l, 鉄球の半径 r の測定値を誤差付きで求めよ.

問2　T, l, r の平均値から重力加速度を計算せよ. また, それぞれの測定値の誤差をもとに重力加速度の誤差を求めよ.

問3　今回の実験から得られた重力加速度の値を, 世界各地の重力加速度の実測値と, 誤差も考慮して比較せよ. 各地の重力加速度の実測値を表 1 に示す. なお, 日本ではじめてボルダ

の振り子によって重力加速度の測定が行われたのは明治 13 年 (1880) で精度は 10 万分の
1 であった．

表 1　各地の重力加速度実測値 (国際重力基準網，1971)

地名	緯度	高さ (m)	g (cm/s^2)	地名	緯度	高さ (m)	g (cm/s^2)
札　幌	43° 04′ 3″	15.0	980.4776	テディントン	51° 25′ 2″	9.7	981.1812
盛　岡	39　41　8″	153.7	980.1897	ポ ツ ダ ム	52　22　9″	86.4	981.2602
東　京	35　38　6″	28.0	979.7632	パ　　リ	48　49　8″	65.9	980.9280
名古屋	35　09　1″	45.0	979.7325	ワシントン	38　53　6″	0.2	980.1043
京　都	35　01　6″	60.0	979.7078	シンガポール	1　17　8″	8.2	978.0660
山　口	34　09　4″	16.9	979.6589	昭 和 基 地	69　00　3″	14.0	982.5256
鹿児島	31　34　4″	4.5	979.4722	ケープタウン	33　57　1″	38.4	979.6327

部門 A

§8　課題：Advanced

問 4　今回の実験から得られた重力加速度の値を，以下の理論式から予想される g の値と誤差も
含めて比較せよ．

重力加速度の大きさは低緯度ほど小さく，高緯度で大きくなる．海面における重力加速度
の大きさはその点の緯度 (ϕ) を用いて次式で与えられる (Helmert の式)．

$$gH(\mathrm{cm/s^2}) = 978.0327(1 + 0.0053024\sin^2\phi + 0.0000058\sin^2 2\phi)$$

別に WGS (World Geodetic System) 84 式というものもあり，

$$g_{\mathrm{WGS}}(\mathrm{cm/s^2}) = 978.03253359\frac{1 + 0.00193185265241\sin^2\phi}{\sqrt{1 - 0.00669437999013\sin^2\phi}}$$

さらに重力加速度は海面からの高さが大きくなるほど小さくなるので，上の式に対して海
面からの高さ (H cm) を用いて $-3.086 \times 10^{-6} H(\mathrm{cm/s^2})$ の補正が必要になる．なお，当
実験室の緯度は 34°48′ で，高さはおよそ 7×10^3 cm である．

問 5　$g \times \dfrac{\theta_0^2}{8}$ の大きさを見積もり，振幅が有限の大きさである影響を議論せよ．

問 6　(A.11) 式の右辺 3 項それぞれに測定した値を代入したとき，最も大きな値をもつ項はど
れか，またそうなった原因について測定状況を振り返り考察せよ．

部門B

電気測定

§1　はじめに―電気抵抗とは―

電気を通す物質に端子を 2 つ取り付け，そこに電圧 (V) を加えて定常電流 (I) を流したとき，

$$R = \frac{V}{I}$$

を電気抵抗または抵抗と呼び，その単位を Ω で表す．この「オームの法則」は，ドイツの物理学者 Georg S. Ohm(1789–1854) により発見されたものである．たとえば，電圧 $V = 100$ V の時，電流 $I = 1$ A であれば，抵抗 $R = 100\ \Omega$ である．電気を通しにくい物質は，抵抗 R が大きいということになる．

均一な細長い金属線の場合には，電流は金属線の断面全体に一様に分布すると考えられるので，金属線の長さを l (m)，断面積を a (m^2) とすると，抵抗 R (Ω) は

$$R = \rho \frac{l}{a}$$

で与えられる．この比例定数 ρ ($\Omega \cdot$m) は体積抵抗率と呼ばれ，物質に固有の値である．

金属線中を電流が流れる時，電子は金属結晶格子の間を縫って移動している．このとき，電子が結晶格子をつくる金属原子 (正イオン) に衝突し，散乱されることで電気抵抗が生じる．理想的な周期性を持つ結晶格子中では，電子はまったく散乱されずに動くことができる．しかし，結晶中の不純物や格子欠陥，及び原子の熱振動 (格子振動) によって結晶格子の周期性がみだされると電気抵抗が生まれる．不純物が少なく単結晶に近い結晶では電気抵抗の主要因は格子振動であるので，電気抵抗は温度に対してほぼ線形的に変化する．また，合金の電気抵抗は，均一な金属より一般的に大きくなる．

温度による電気抵抗の変化が身近に見られる例としては，白熱電球がある．定格電圧 100 V/ 定格消費電力 100 W の電球を 100 V で点灯する場合は 1 A の電流が流れ，電気抵抗は 100 Ω となる．一方，この電球に 1 V の電圧を加えた場合には，電気抵抗が 100 Ω なので，10 mA の電流が流れることが予想できる．しかし，実際に 1 V の電圧を印加すると，ずっと大きな電流が流れる．これは白熱電球のフィラメントの電気抵抗が温度により変化することで説明できる．電球が輝いているときには，フィラメントが高温になっているため電気抵抗が大きい (100 Ω) のだが，電球に 1 V 程度の電圧を加えた場合には，フィラメントが高温にならず電気抵抗が小さいのである．

§2 目的

この実験では，銅線の電気抵抗値が温度により変化していく様子を調べる．また，電気抵抗値と温度の関係のグラフを作り，その解析を行う．実験結果より，銅の体積抵抗率と平均温度係数を求め，理科年表などの文献に示されている値と比較し，実験の確からしさについて評価を行う．実験データの解析，評価を通して，測定器の原理を学び，測定器の誤差，マイクロメーターの取り扱い，2 m のメジャーで 10 m の銅線の長さを測定した誤差は読み取り誤差 (最小目盛の 10 分の 1) とは違うことなど，測定値の精度，誤差について理解を深める．

§3 実験器具

本実験に使用する主な器具を図 1 に示す．

- デジタル・マルチ・メーター (DMM)
- Wheatstone Bridge 抵抗測定器
- 熱電対
- マントルヒーター
- スライダック

部門 B

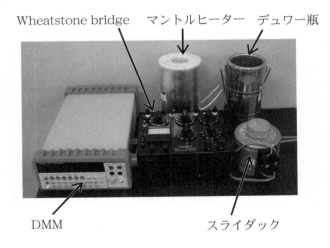

図 1 主な実験器具

以下に，各器具の原理と使い方を説明する．

§3.1 デジタル・マルチ・メーター (DMM)

直流電圧測定，交流電圧測定，直流電流測定，交流電流測定，電気抵抗値測定，ダイオード試験などを行う測定器である．ここでは直流電圧測定について説明する．

(1) 原理

デジタル・マルチ・メーター (DMM) は直流電圧測定を基本とし，図 2 のように入力増幅器，アナログ-デジタル (A-D) 変換器，表示計数部およびそれらに対するコントロール・ロジックから構成されている．

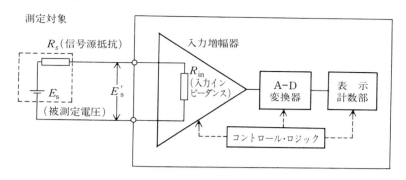

図 2　DMM の測定原理

直流電圧の測定

DMM には，有限の入力抵抗 R_in があり，通常これは入力インピーダンスと記されている．図 2 に示すように測定対象の電圧 E_s は信号源抵抗 R_s と R_in により分割され，実際に DMM で表示される電圧 E'_s は

$$E'_\mathrm{s} = \frac{1}{1 + \frac{R_\mathrm{s}}{R_\mathrm{in}}} E_\mathrm{s}$$

となる．したがって，E_s を正しく測定するためには，DMM の入力インピーダンス R_in が十分に大きい必要がある．

┌ **DMM の入力インピーダンスについて** ─

低電圧レンジ (本 DMM では，10 V レンジ以下) での測定では，直接入力増幅器で電圧を受けるため入力抵抗 R_in は 1 GΩ$(1 \times 10^9\ \Omega)$ 以上あるので，入力インピーダンス R_in が十分に大きい．しかし，高電圧レンジ (100 V レンジ以上) での測定では，入力抵抗 R_in は分圧抵抗によって決まり，10 MΩ$(10 \times 10^6\ \Omega)$ 程度になっている．

この入力抵抗 R_in の大きさが DMM とテスターの大きな違いである．低電圧レンジ，高電圧レンジが切り替わる測定電圧は，それぞれの DMM によって異なっており，使用時には必ず確認しておかないと誤った結果を得ることになってしまう．一般的にハンドヘルド型の DMM(簡易にテスターと呼ぶ人もいることを覚えておくこと) では，入力抵抗 R_in の大きさが切り替わる測定レンジの電圧が低い場合が多い．

たとえば，ハムノイズ (60 Hz の雑音) をとるためのローパスフィルター (部門 F 参照) を通して数百 V の電圧を加えた電極の電圧を測定する場合，R_in での電圧降下が重要な影響を与えるため注意が必要である．

---

(2)　測定確度

直流電圧の測定確度は測定レンジの設定により異なる．各測定レンジにおける測定確度を表 1 に示す．表中の測定確度は，「読み取り値による確度 + 測定レンジによる確度」を意味しており，単位は ppm(parts per million, 1 ppm = 0.0001 %) である．

表1 Keithley 2100 の直流電圧測定確度

測定レンジ	分解能	入力抵抗	測定確度
100.0000 mV	$0.1\,\mu$V	> 10 GΩ	$55+40$
1.000000 V	$1.0\,\mu$V	> 10 GΩ	$45+8$
10.00000 V	$10\,\mu$V	> 10 GΩ	$38+6$
100.0000 V	$100\,\mu$V	10 M$\Omega \pm 1\%$	$50+7$
1000.000 V	1 mV	10 M$\Omega \pm 1\%$	$55+10$

たとえば，測定レンジ 10 V で直流電圧 5 V を測定した場合の測定確度は，表1を用いて次のように求めることが出来る．

$$測定確度 = \pm (読み取り値 \times 38\,\mathrm{ppm} + 測定レンジ \times 6\,\mathrm{ppm})$$
$$\pm (5\,\mathrm{V} \times 38\,\mathrm{ppm} + 10\,\mathrm{V} \times 6\,\mathrm{ppm})$$
$$\pm (190\,\mu\mathrm{V} + 60\,\mu\mathrm{V})$$
$$\pm 250\,\mu\mathrm{V}$$

(3)　取り扱い法：直流電圧測定 (手動による測定)

ここでは，乾電池 (1.5 V) の直流電圧測定を例にして，DMM の手動操作による電圧測定の方法を説明する．なお以下の手順実行中，誤ったボタン等を押してしまい混乱した場合には，**電源スイッチを OFF** にして，しばらく**時間をおいて**から再開するとよい．電源投入時には，変更された設定が DMM に記憶されている初期設定に戻る．

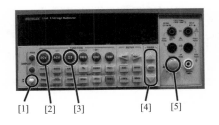 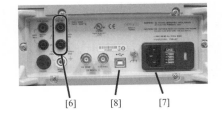

[1] 電源スイッチ (POWER)
[2] 直流電圧測定 (DCV)
[3] 2端子抵抗測定 (Ω 2)
[4] 測定レンジ切替え ($\triangle$, $\triangledown$, AUTO)
[5] 入力切替え (FRONT/REAR)

[6] 入力端子 (INPUT)
[7] 電源端子 (AC 100V)
[8] USB端子 (USB-B)

図3　DMM, 機種 Kethley 2100.　(左) 前面.　(右) 背面.

1.　背面パネル入力端子確認
　　赤と黄の測定用ケーブルが DMM 背面の INPUT(図3の [6]) につながっていることを確認する．

2. 電源コードの接続

電源スイッチ (図 3 の [1]) が OFF (飛び出している状態) になっていること確認して，**背面パネルから出ている DMM の電源コードを，AC100V 電源の差し込みに挿入する．**

3. 電源立ち上げ

電源スイッチを ON にする．"ピー" と音が鳴り，一瞬表示パネルが全点灯した後，測定可能状態になる．

4. DMM の入力端子の選択

本 DMM には，前面パネルと背面パネルに入力端子 (図 2 の E'_s が加わる端子) がある．今回は背面パネルの端子を使うので，**INPUTS** ボタン (図 3 の [5]) をへこんでいる状態にして FRONT/REAR の切り替えを行い，REAR(背面パネル側) にせよ．REAR(背面パネル側) が選択されている場合には「REAR」の表示が点灯していることから確認できる．FRONT が選択されている場合には何も表示されない．

5. 直流電圧測定の選択

測定機能の中から直流電圧を選ぶために，**DCV** のボタン (図 3 の [2]) を押し，表示された単位が「V DC」であることを確認せよ．クリップがどこにもつながっていない状態では，測定値の表示は常にふらつく．クリップをもう一方のクリップにつなぐと，端子間の電位差が決まった状態になり，表示が 0 V となることを確認してほしい．

6. 直流電圧測定

測定対象物にクリップを接続し，端子間の電位差を測定する．

乾電池電圧の測定

乾電池の両端にクリップをつなぎ，乾電池の電圧を測定する．乾電池の電圧として妥当な測定結果が得られたかどうか確認せよ．乾電池の電圧は，使用 (電流を取り出す) 時間とともに減少していくため，1.3 ~ 1.5 V に値をもつと予想される．

測定確度も考慮して，測定結果を記録すること．たとえば，10 V のレンジで 1.47935 V と表示された場合の測定確度は，表 1 より，

$$測定確度 = \pm (1.47935\,\text{V} \times 38\,\text{ppm} + 10\,\text{V} \times 6\,\text{ppm})$$

$$\pm (56\,\mu\text{V} + 60\,\mu\text{V})$$

$$\pm 116\,\mu\text{V}$$

となり，測定結果は，(1.47935 ± 0.00012) V となる．

§3.2 Wheatstone Bridge 抵抗測定器

(1) 原理

図 4 のような回路を Wheatstone Bridge と呼ぶ．既知抵抗 C，D，R_s と未知抵抗 R_x，及び，検流計 GA，電鍵 SW-GA，SW-B と電池 B により構成される．R_s は可変抵抗である．

電鍵 SW-B, SW-GA を ON にして GA を流れる電流が 0 になるよう R_s を調節したときには，GA の両端の電位が等しいから，

$$\frac{R_x}{C} = \frac{R_s}{D} \qquad \therefore \quad R_x = \frac{C}{D} R_s$$

により R_x の値が求まる．零位法であるため，GA に高感度検流計を使用することでテスターなどよりはるかに測定精度が向上する．

部門 B

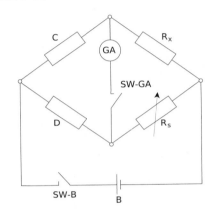

図 4 Wheatstone Bridge による抵抗測定の原理図

(2) 測定確度

本実験で使用する Wheatstone Bridge 抵抗測定器 (横河 2755) の測定範囲と測定確度の関係を表 2 に示す．

表 2 Wheatstone Bridge 抵抗測定器　横河 2755 の測定範囲と測定確度

測 定 範 囲	測 定 確 度
$1\,\Omega \sim 10\,\Omega$	測定値の ±0.6%
$10\,\Omega \sim 100\,\Omega$	測定値の ±0.3%
$100\,\Omega \sim 100\ \mathrm{k}\Omega$	測定値の ±0.1%
$100\ \mathrm{k}\Omega \sim 1\ \mathrm{M}\Omega$	測定値の ±0.3%
$1\ \mathrm{M}\Omega \sim 10\ \mathrm{M}\Omega$	測定値の ±0.6%

(3) 取り扱い法

Wheatstone Bridge 抵抗測定器の使用方法を説明する．図 5 は横河 2755 の操作パネルである．図中の番号は，下記の説明の手順番号 (1)〜(6) で操作する部分を示している．Wheatstone Bridge 抵抗測定器の回路図は図 6 に示す．

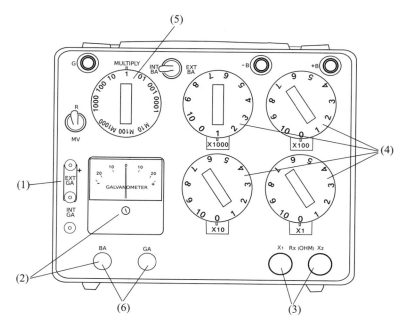

図 5　横河 2755 の操作パネル

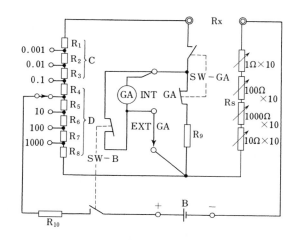

図 6　Wheatstone Bridge 抵抗測定器の回路図

Wheatstone Bridge では電流を流して抵抗を測定する．そのために，まず Wheatstone Bridge 本体に乾電池を入れる．乾電池を入れる前に電池電圧が 1.3 V 以上あることを DMM をつかって確認せよ．1.3 V 以下の電池は CIS で交換できる．

(1)　EXT.-GA. 端子を短絡する．R-MV スイッチは R へ，INTBA-EXTBA スイッチは INTBA に設定する．これは Wheatstone Bridge 抵抗測定器本体についている検流計が働くようにするためである．

(2)　検流計の零点調整　電鍵 BA のみを押して検流計の針が零点にあるかを確認する．ずれが大きい場合には，電鍵 BA を押し (GA は押してはならぬ) 検流計下部のつまみを静かに動

表3 Wheatstone Bridge の R_x と Multiply ダイヤルの関係

R_x の大略値	Multiply のダイヤル指示
10 Ω 以下	0.001
10 Ω ～ 100 Ω	0.01
100 Ω ～ 1000 Ω	0.1
1 kΩ ～ 10 kΩ	1
10 kΩ ～ 100 kΩ	10
100 kΩ ～ 1000 kΩ	100
1 MΩ ～ 10 MΩ	1000

かす. GA を押すと $R_x/C = R_s/D$ の関係になっていない場合には, 検流計に電流が流れ, 零点調整ができない.

注意 1:電鍵は押したまま左または右に少し回すとクランプ (固定) される.

(3) R_x 端子に未知抵抗を接続する. 接続部分で余分な抵抗が発生しないように, しっかり固定せよ.

(4) 測定辺ダイヤル (×1, ×10, ×100, ×1000 の 4 個のダイヤルで図 4 の R_s に対応) を 1000 Ω すなわち ×1 ～ ×100 を 0, ×1000 を 1 にセット.

(5) Multiply ダイヤルを 1 にセット. (C/D = 1)

(6) 電鍵 BA を押し, そのままで電鍵 GA を軽く押し (すぐはなして) 検流計が +, − のいずれの方向に振れるかを見る. (電鍵を押す順序を間違えないように!!)
検流計は $R_x > \dfrac{C}{D} R_s$ のときは + 側に $R_x < \dfrac{C}{D} R_s$ のときは − 側にふれる.

注意 2:R_x の大略値を求める段階では, 検流計の針は + または − の方向に激しく振れる. そこで回路が一瞬閉じて後すぐ開くように電鍵 GA を押さないと検流計が破損することがある.

(7) + 側に振れるときは $R_x > 1000$ Ω であるから Multiply ダイヤルを 10 にして (6) の操作を行なう. さらに + 側に振れるときは Multiply ダイヤルを増加させながら (6) の操作を − 側に振れるまで繰り返し, R_x の大略値を求める.

(8) − 側に振れるときもほぼ同様に Multiply ダイヤルを減少させて大略値を求める.

(9) 表 3 により Multiply ダイヤルをセットし, 指針が 0 になるように測定辺ダイヤルを調節すれば

$$R_x = (測定辺ダイヤル指示の代数和) \times (\text{Multiply ダイヤルの指示}) \ \Omega$$

と R_x が決定される.

注意 3:MULTIPLY ダイヤルを調節し, 測定の有効桁をできるだけ上げるようにする.

注意 4:×1 ダイヤルまで調整しても完全に 0 にできないときには比例配分を行う.

(10) 測定終了後は必ず電鍵 BA, GA が OFF になっていることを確認する. 乾電池を外すことを忘れないように.

§3.3   熱電対

金属や半導体の両端に温度差が存在する場合に電圧が発生する効果は Seebeck 効果と呼ばれる. このとき発生する起電力のことを熱起電力を呼ぶ. 熱電対はこの現象を利用した温度センサである. 熱起電力は金属の種類により決定し, 両端の温度差にほぼ比例する.

2 種類の異なる金属をリング上に接続した閉回路の一方の繋ぎ目を加熱し, 他方を冷却して金属に温度勾配を持たせた場合を考えよう. 金属により生じる起電力が異なるので, 閉回路に電流が流れる. ここで継ぎ目の一端を切り離して, その両端に生じる熱起電力を測定すると, 金属両端の温度差を調べることが出来る. これが熱電対の原理である.

この実験で使用する熱電対は, JIS 規格で K タイプと規定されているものである. K 熱電対の構成材料と使用温度範囲を表 4 に示す.

表 4   K 熱電対の構成材料と使用温度範囲

＋側導体	クロメル (Ni 80 %, Cr 20 %)
一側導体	アルメル (Ni 94 %, Al 3 %, 他に少量の Mn,Fe,Si を含む)
使用温度目安	$-200\,°C \sim 1200\,°C$

熱電対で測定されるのは, あくまで温度差 (に対応する電圧) でしかない. 本実験では氷水 (0 °C) を基準 (冷接点) とし, そこからの温度差を測定する. 熱起電力と温度差の関係は付表 2 の K 規準熱起電力表を参照すること.

§3.4   マントルヒーターとスライダック

マントルヒーターはガラス器具や金属部品を包み込み, 加熱保温する装置である. 加熱対象物側に配された発熱線 (ニクロム線) を耐熱繊維製の断熱材と被覆材で覆った構造を持つので, 断熱効果により効率良く加熱することができる. また, スライダックは摺動式の変圧器の一種である. 本実験では, 図 7 に示すようにマントルヒーターをスライダックを介して AC 100 V に接続し, 降圧させることで加熱電流を調節する.

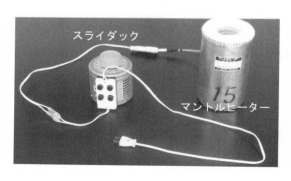

図 7   マントルヒーターへの電源の供給. AC 100 V に直接接続せずに, スライダックを介して接続する

§4 測定

§4.1 実験内容

室温から 200 °C の温度範囲で試料 (銅線) の電気抵抗を測定し，下記のように定義される体積抵抗率 ρ と平均温度係数 α を求める.

- 体積抵抗率：長さ l (m)，断面積 a (m^2) の一様な物質の電気抵抗 R (Ω) は

$$R = \rho \frac{l}{a} \tag{B.1}$$

で与えられる. この比例定数 ρ (Ω·m) を体積抵抗率と呼ぶ. 形状に依らない物質固有の物理量である.

- 平均温度係数：0 °C における体積抵抗率を ρ_0，100 °C における値を ρ_{100} とするとき，

$$\alpha_{0,\,100} = \frac{\rho_{100} - \rho_0}{100\rho_0} \tag{B.2}$$

を体積抵抗率の 0 °C，100 °C 間の平均温度係数と呼ぶ.

まず，銅線の長さと直径を測定する. 次に，ボビンに巻いた銅線をマントルヒーターで加熱しながら，電気抵抗を Wheatstone Bridge 抵抗測定器で測定する. 同時に，デジタル・マルチ・メーターにより熱電対の熱起電力を測定する. これにより，銅線の電気抵抗と温度の関係を調べる.

§4.2 実験の手順

下記の手順に従って実験を進めよ. 電気抵抗の温度依存性測定時における実験器具の接続は図 8 のようになる.

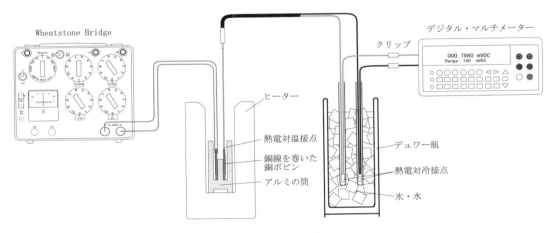

図 8 実験器具の接続図

(1) 銅線の長さと直径の測定

1. 銅線を約 10m 切り取り，その長さを測定する. 測定値と合わせて，測定精度も記録すること. 切り取った銅線は絡まりやすいので，マントルヒーターやデュワー瓶に巻き取って扱うのがよい.

2. 切り取った銅線をボビンに巻く. このとき，銅線同士が重なり合わないように，図 9 のよ

図 9　銅線を巻いたボビン．重なり合わないように一重に！

うに一重に巻く．後に Wheatstone Bridge に接続するために銅線の両端約 40cm をリード線として巻かずに残しておく．リード線部分の長さも測り，記録する．

3. マイクロメーターのゼロ点較正を行う．

   注意 1：マイクロメーターは，最小目盛の 10 分の 1 まで読み取ることで 0.001 mm まで測定できる．このような測定では，試料をはさんでいない状態の値 (零点) が重大な影響をあたえる．必ず各測定毎に零点を測定し，記録せよ．また，端の小さなつまみ (ラチェット) を回して使用すると，必要以上の力をかけることなく測定できる．

4. ライターの炎で銅線端を炙ることで被覆を焼き，ススをティッシュペーパーで拭き取る．絶縁被覆を取り除いた銅線両端の直径をマイクロメーターで測定する．直径測定の精度を上げるため，直径は異なる方向から数回測定するとよい．

   注意 2：準備されている銅線は被覆線である．そのまま直径を測定したのでは被覆込みの直径しか得られないので，被覆を焼きとり軽くこすった後に，銅線の直径を測定する．

   注意 3：マイクロメーターを正しく使い，繰り返し精度のよい測定を試みても，値がばらつくことがある．そのようなときには，以下のようなことはなかっただろうか？

   - 被覆を焼いたとき，銅が赤くなるまで加熱したために部分的に溶けていないか？
   - こすったとき，力をかけすぎていないか？ 銅は柔らかいので伸びる．(銅線をボビンに巻くときにも同様のことがおこるので注意．)
   - さらには用意されている銅線が，均一かどうか疑う必要があるかもしれない．

(2) 温度測定の準備

1. 冷接点用の 0 °C 環境を作るために，デュアー瓶に氷と水を入れる．水は氷の高さの半分程度まで入れること．かき混ぜてから水温が 0 °C になったことを確認する．氷水内に 2 本のガラス管を挿入し，各ガラス管に冷接点を入れる．このときガラス管の底に冷接点が接触するようにすること．

2. 温度が均一になるように，銅線を巻いたボビンをアルミ筒の中に入れる．ボビン片方の端面には熱電対温接点を挿入する小さな穴が開いている．この穴が開いている側が上面になるようにする．

3. ボビンを入れたアルミ筒をマントルヒーター内に設置する．

4. 熱電対の温接点を銅線を巻いたボビン端面の小穴にしっかりと奥まで挿入する．

5. 熱電対の端子を DMM に接続する．

   注意 4：1 μV までの非常に小さな起電力を測定することになる．結線不良による接触電

位差が生じないように注意せよ.

(3) 電気抵抗測定の準備

1. Wheatstone Bridge との接続をよくするために, 銅線の両端を紙やすりで磨き, 銅の金属光沢が見えるまで, ススを完全に取り除く.

2. 銅線の両端を Wheatstone Bridge に接続する.

   注意 5: 測定器との接触部分の抵抗値が, 銅線の抵抗値に影響を与えるほど大きいのは問題である (接触不良). 直径測定後に紙やすりで銅線をよく磨き, Wheatstone Bridge に接続せよ.

(4) 室温での熱起電力と電気抵抗の測定

1. まず, 室内の温度計で室温を測定する.

2. DMM の表示を読み取り室温での熱起電力を測定し, 記録する. K 規準熱起電力表と比べ, 測定した熱起電力が妥当であることを確認する. 電圧の正負も確認すること. 明らかに異なる場合は, 配線など原因を調査する.

3. Wheatstone Bridge により室温での電気抵抗を測定し, 記録する. 銅線の長さが 10 m の場合には, 25 °C で約 5.5 Ω 程度になるはずである. 大きく異なる場合は原因を調査する.

(5) 電気抵抗の温度依存性測定

1. 実験装置の配線などに不備がないか, もう一度確認する.

2. 測定手順のポイントとなる温度 200 °C に対応する熱起電力を K 規準熱起電力表により調べておく.

3. 熱起電力測定, 抵抗測定, 時間測定, 記録などの役割分担を決め, 記録する実験ノートやストップウォッチなど測定の準備を整える.

4. スライダックのダイヤルが 0 V になっていることを確認し, マントルヒーターと接続する.

5. スライダックと AC100V を接続する. スライダックを約 70 V に設定し, マントルヒーターでの銅線の加熱を開始する.

6. 熱起電力と電気抵抗を同時に 2 分毎に測定し, 測定時刻と共に実験ノートに記録する.

7. 測定しながら, 時間を横軸に取ったグラフに測定データをプロップして行く.

8. 銅線の温度が 200 °C になったらマントルヒーターの加熱電流を切る. このとき, ダイヤルを 0 V にした後に, 念のためマントルヒーターを AC100V から外す.

9. 測定を終了する.

(6) 測定終了後

1. 後片付けをする. その際, 次の点に注意すること.

   注意 6: アルミ筒, 銅ボビン等は測定終了後も高熱状態にあるので, やけどしないように十分に注意すること. 特に, 高温状態のものを水や氷水にさらすと高温の水蒸気が発生するので細心の注意が必要である.

   注意 7: Wheatstone Bridge は電池を抜き, 電鍵 BA と GA が上がっていることを確認する.

部門 B

§5   課題：Basic

問 1 室温における試料の体積抵抗率を求めよ．誤差も評価すること．

問 2 体積抵抗率と温度の関係を示すグラフを作成せよ．すべてのデータ点をグラフに描くこと．

問 3 問 2 のグラフから最小二乗法を用いて，体積抵抗率と温度の関係を示す関係式を求めよ．誤差も評価すること．

問 4 問 3 の関係式から，0 °C 及び 100 °C における体積抵抗率 ρ_0 と ρ_{100} を求めよ．銅線の一部は加熱されていないことに注意せよ．誤差も評価すること．

問 5 体積抵抗率の平均温度係数 $\alpha_{0,100}$ を求めよ．誤差も評価すること．

問 6 銅の体積抵抗率，平均温度係数を理科年表等の定数表より参照して，実験結果と比較検討せよ．

§6   課題：Advanced

問 7 問 1 および問 3 で得られた数値の有効数字を決定づけている要因を考察せよ．

問 8-1 DMM による直流電圧測定の際に，100 mV のレンジで直流電圧 6.0000 mV を測定した場合の測定確度はどうなるだろうか．測定値の有効数字は何桁までとするのがいいだろうか．

問 8-2 ここで見積もったほどの精度で結果を得るためには，赤いクリップと黒いクリップをつなげた際どれだけの値を示していたか，また接触させたものの材質を考慮する必要がある．なぜだろうか．ヒントは起電力である．

問 8-3 DMM の入力抵抗を 10 GΩ ($10 \times 10^9 \Omega$) とすると，乾電池の電圧測定の際に流れる電流は何 A か？　測定中に乾電池の電圧が下がっていくことはあるか？

問 9 今回の実験の電気抵抗を §7.1 で説明する 2 端子法を用いて測定する場合，r_1, r_2 の存在を考慮して温度係数 $\alpha_{0,100}$ をより正確に求めることはできないだろうか．Wheatstone Bridge を利用した場合ではどうだろうか．（どこが温度変化するか，しないか，図 4 の R_x は正確にはどう表現されるべきかを考えること．）

§7 参考

§7.1 DMM を用いた電気抵抗の測定

DMM から測定したい抵抗に既知の電流を流して，そこに発生する電圧を測定する．テスター (アナログ式) に乾電池が入っているのは，抵抗測定，導通測定，ダイオード測定などテスターから電流を流して測定するためである．

図 10(a) に DMM による 2 端子抵抗測定法を示す．この場合，DMM に接続して測定することになる抵抗はリード線 (r_1)—測定したい抵抗 (R_x)—リード線 (r_2) と書き表すことができる．定電流 i を r_1—R_x—r_2 に流し，その電圧降下 (E_s') を測定して電気抵抗の値を求める．$E_s' = (R_x + r_1 + r_2) \times i$ となるため，$R_x \gg r_1 + r_2$ なら，$R_x = E_s'/i$ となり R_x を測定できるが，リード線の抵抗値と測定したい抵抗値の大きさによっては正しい抵抗値が測定できなくなる．こういった問題を回避するには 4 端子抵抗測定法を用いる (図 10(b))．定電流 i をリード線 (r_3)—測定する抵抗 (R_x)—リード線 (r_4) に流しその電圧降下 E_s' を測定して電気抵抗の値を求める．このとき，直流電圧部の入力抵抗 R_{in}(図 2 参照) は 1 GΩ 以上あり，リード線 (r_1, r_2) にはほとんど電流は流れないと考えてよい．よって $E_s' = R_x \times i$ となり $R_x = E_s'/i$ と R_x を測定できる．

このように，テスターや 2 端子抵抗測定法では，正しい抵抗値を求めることができなくなることがある．これは，測定する対象，使用する装置をよく理解していなければ正確な測定ができなくなる一例である．

部門 B

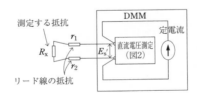

(a) 2 端子抵抗測定法

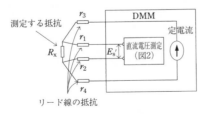

(b) 4 端子抵抗測定法

図 10 DMM による電気抵抗測定

DMM による抵抗測定時の操作法

ここでは DMM による 2 端子抵抗測定について紹介しておく．最近では抵抗測定は DMM によって行うことが一般的なので，測定準備の前後に試してみるといいだろう．Wheatstone bridge による測定値の確認にもなるはずである．

1. 電気抵抗測定の選択

   測定機能の中から 2 端子抵抗測定を選ぶために，**前面パネルの Ω2 のボタン (図 3 の [3])** を押す．表示された単位が「OHM」であることを確認せよ．

2. 電気抵抗測定

   測定したい抵抗の両端にクリップをつなげることで抵抗値が測定できる．測定の前に，赤いクリップをもう一方の黒いクリップにつなぎ，測定値が 0 Ω とみなせることを確認せよ．クリップに試料 (測定したい抵抗) がしっかりと止まっていない場合，測定値がふらつくことがあるので接続に注意すること．

§7.2　規準熱起電力表

1) 下記の各表は，日本工業規格，熱電対 JIS–C1602–1981 年版より転載したものである．
2) 記号 B，R，S，K，E，J，T は，熱電対の構成材料を示す．(付表 1)
3) K の規準熱起電力は付表 2 による．

付 表 1

記号	旧記号 (参考)	構 成 材 料	
		＋ 脚[1]	－ 脚[1]
B		ロジウム 30%を含む白金ロジウム合金	ロジウム 6%を含む白金ロジウム合金
R	－	ロジウム 13%を含む白金ロジウム合金	白 金
S		ロジウム 10%を含む白金ロジウム合金	白 金
K	CA	ニッケル及びクロムを主とした合金	ニッケルを主とした合金
E	CRC	ニッケル及びクロムを主とした合金	銅及びニッケルを主とした合金
J	IC	鉄	銅及びニッケルを主とした合金
T	CC	銅	銅及びニッケルを主とした合金

注　[1] ＋ 脚とは熱起電力を測る計器の ＋ 端子へ接続すべき脚をいい，反対側のものを － 脚という．

付表 2 Kの規準熱起電力

単位 μV

温度(℃)	0	-1	-2	-3	-4	-5	-6	-7	-8	-9	温度(℃)
-270	-6458										-270
-260	-6441	-6444	-6446	-6448	-6450	-6452	-6453	-6455	-6456	-6457	-260
-250	-6404	-6408	-6413	-6417	-6421	-6425	-6429	-6432	-6435	-6438	-250
-240	-6344	-6351	-6358	-6364	-6371	-6377	-6382	-6388	-6394	-6399	-240
-230	-6262	-6271	-6280	-6289	-6297	-6306	-6314	-6322	-6329	-6337	-230
-220	-6158	-6170	-6181	-6192	-6202	-6213	-6223	-6233	-6243	-6253	-220
-210	-6035	-6048	-6061	-6074	-6087	-6099	-6111	-6123	-6135	-6147	-210
-200	-5891	-5907	-5922	-5936	-5951	-5965	-5980	-5994	-6007	-6021	-200
-190	-5730	-5747	-5763	-5780	-5796	-5813	-5829	-5845	-5860	-5876	-190
-180	-5550	-5569	-5587	-5606	-5624	-5642	-5660	-5678	-5695	-5712	-180
-170	-5354	-5374	-5394	-5414	-5434	-5454	-5474	-5493	-5512	-5531	-170
-160	-5141	-5163	-5185	-5207	-5228	-5249	-5271	-5292	-5313	-5333	-160
-150	-4912	-4936	-4959	-4983	-5006	-5029	-5051	-5074	-5097	-5119	-150
-140	-4669	-4694	-4719	-4743	-4768	-4792	-4817	-4841	-4865	-4889	-140
-130	-4410	-4437	-4463	-4489	-4515	-4541	-4567	-4593	-4618	-4644	-130
-120	-4138	-4166	-4193	-4221	-4248	-4276	-4303	-4330	-4357	-4384	-120
-110	-3852	-3881	-3910	-3939	-3968	-3997	-4025	-4053	-4082	-4110	-110
-100	-3553	-3584	-3614	-3644	-3674	-3704	-3734	-3764	-3793	-3823	-100
-90	-3242	-3274	-3305	-3337	-3368	-3399	-3430	-3461	-3492	-3523	-90
-80	-2920	-2953	-2985	-3018	-3050	-3082	-3115	-3147	-3179	-3211	-80
-70	-2586	-2620	-2654	-2687	-2721	-2754	-2788	-2821	-2854	-2887	-70
-60	-2243	-2277	-2312	-2347	-2381	-2416	-2450	-2484	-2518	-2552	-60
-50	-1889	-1925	-1961	-1996	-2032	-2067	-2102	-2137	-2173	-2208	-50
-40	-1527	-1563	-1600	-1636	-1673	-1709	-1745	-1781	-1817	-1853	-40
-30	-1156	-1193	-1231	-1268	-1305	-1342	-1379	-1416	-1453	-1490	-30
-20	-777	-816	-854	-892	-930	-968	-1005	-1043	-1081	-1118	-20
-10	-392	-431	-469	-508	-547	-585	-624	-662	-701	-739	-10
0	0	-39	-79	-118	-157	-197	-236	-275	-314	-353	0

温度(℃)	0	1	2	3	4	5	6	7	8	9	温度(℃)
0	0	39	79	119	158	198	238	277	317	357	0
10	397	437	477	517	557	597	637	677	718	758	10
20	798	838	879	919	960	1000	1041	1081	1122	1162	20
30	1203	1244	1285	1325	1366	1407	1448	1489	1529	1570	30
40	1611	1652	1693	1734	1776	1817	1858	1899	1940	1981	40
50	2022	2064	2105	2146	2188	2229	2270	2312	2353	2394	50
60	2436	2477	2519	2560	2601	2643	2684	2726	2767	2809	60
70	2850	2892	2933	2975	3016	3058	3100	3141	3183	3224	70
80	3266	3307	3349	3390	3432	3473	3515	3556	3598	3639	80
90	3681	3722	3764	3805	3847	3888	3930	3971	4012	4054	90
100	4095	4137	4178	4219	4261	4302	4343	4384	4426	4467	100
110	4508	4549	4590	4632	4673	4714	4755	4796	4837	4878	110
120	4919	4960	5001	5042	5083	5124	5164	5205	5246	5287	120
130	5327	5368	5409	5450	5490	5531	5571	5612	5652	5693	130
140	5733	5774	5814	5855	5895	5936	5976	6016	6057	6097	140
150	6137	6177	6218	6258	6298	6338	6378	6419	6459	6499	150
160	6539	6579	6619	6659	6699	6739	6779	6819	6859	6899	160
170	6939	6979	7019	7059	7099	7139	7179	7219	7259	7299	170
180	7338	7378	7418	7458	7498	7538	7578	7618	7658	7697	180
190	7737	7777	7817	7857	7897	7937	7977	8017	8057	8097	190

部門B

付 表 2　（つづき）

単位 μV

温 度 (℃)	0	1	2	3	4	5	6	7	8	9	温 度 (℃)
200	8137	8177	8216	8256	8296	8336	8376	8416	8456	8497	200
210	8537	8577	8617	8657	8697	8737	8777	8817	8857	8898	210
220	8938	8978	9018	9058	9099	9139	9179	9220	9260	9300	220
230	9341	9381	9421	9462	9502	9543	9583	9624	9664	9705	230
240	9745	9786	9826	9867	9907	9948	9989	10029	10070	10111	240
250	10151	10192	10233	10274	10315	10355	10396	10437	10478	10519	250
260	10560	10600	10641	10682	10723	10764	10805	10846	10887	10928	260
270	10969	11010	11051	11093	11134	11175	11216	11257	11298	11339	270
280	11381	11422	11463	11504	11546	11587	11628	11669	11711	11752	280
290	11793	11835	11876	11918	11959	12000	12042	12083	12125	12166	290
300	12207	12249	12290	12332	12373	12415	12456	12498	12539	12581	300
310	12623	12664	12706	12747	12789	12831	12872	12914	12955	12997	310
320	13039	13080	13122	13164	13205	13247	13289	13331	13372	13414	320
330	13456	13497	13539	13581	13623	13665	13706	13748	13790	13832	330
340	13874	13915	13957	13999	14041	14083	14125	14167	14208	14250	340
350	14292	14334	14376	14418	14460	14502	14544	14586	14628	14670	350
360	14712	14754	14796	14838	14880	14922	14964	15006	15048	15090	360
370	15132	15174	15216	15258	15300	15342	15384	15426	15468	15510	370
380	15552	15594	15636	15679	15721	15763	15805	15847	15889	15931	380
390	15974	16016	16058	16100	16142	16184	16227	16269	16311	16353	390
400	16395	16438	16480	16522	16564	16607	16649	16691	16733	16776	400
410	16818	16860	16902	16945	16987	17029	17072	17114	17156	17199	410
420	17241	17283	17326	17368	17410	17453	17495	17537	17580	17622	420
430	17664	17707	17749	17792	17834	17876	17919	17961	18004	18046	430
440	18088	18131	18173	18216	18258	18301	18343	18385	18428	18470	440
450	18513	18555	18598	18640	18683	18725	18768	18810	18853	18895	450
460	18938	18980	19023	19065	19108	19150	19193	19235	19278	19320	460
470	19363	19405	19448	19490	19533	19576	19618	19661	19703	19746	470
480	19788	19831	19873	19916	19959	20001	20044	20086	20129	20172	480
490	20214	20257	20299	20342	20385	20427	20470	20512	20555	20598	490
500	20640	20683	20725	20768	20811	20853	20896	20938	20981	21024	500
510	21066	21109	21152	21194	21237	21280	21322	21365	21407	21450	510
520	21493	21535	21578	21621	21663	21706	21749	21791	21834	21876	520
530	21919	21962	22004	22047	22090	22132	22175	22218	22260	22303	530
540	22346	22388	22431	22473	22516	22559	22601	22644	22687	22729	540
550	22772	22815	22857	22900	22942	22985	23028	23070	23113	23156	550
560	23198	23241	23284	23326	23369	23411	23454	23497	23539	23582	560
570	23624	23667	23710	23752	23795	23837	23880	23923	23965	24008	570
580	24050	24093	24136	24178	24221	24263	24306	24348	24391	24434	580
590	24476	24519	24561	24604	24646	24689	24731	24774	24817	24859	590
600	24902	24944	24987	25029	25072	25114	25157	25199	25242	25284	600
610	25327	25369	25412	25454	25497	25539	25582	25624	25666	25709	610
620	25751	25794	25836	25879	25921	25964	26006	26048	26091	26133	620
630	26176	26218	26260	26303	26345	26387	26430	26472	26515	26557	630
640	26599	26642	26684	26726	26769	26811	26853	26896	26938	26980	640
650	27022	27065	27107	27149	27192	27234	27276	27318	27361	27403	650
660	27445	27487	27529	27572	27614	27656	27698	27740	27783	27825	660
670	27867	27909	27951	27993	28035	28078	28120	28162	28204	28246	670
680	28288	28330	28372	28414	28456	28498	28540	28583	28625	28667	680
690	28709	28751	28793	28835	28877	28919	28961	29002	29044	29086	690

付表 2　（つづき）

単位 μV

温 度 (℃)	0	1	2	3	4	5	6	7	8	9	温 度 (℃)
700	29128	29170	29212	29254	29296	29338	29380	29422	29464	29505	700
710	29547	29589	29631	29673	29715	29756	29798	29840	29882	29924	710
720	29965	30007	30049	30091	30132	30174	30216	30257	30299	30341	720
730	30383	30424	30466	30508	30549	30591	30632	30674	30716	30757	730
740	30799	30840	30882	30924	30965	31007	31048	31090	31131	31173	740
750	31214	31256	31297	31339	31380	31422	31463	31504	31546	31587	750
760	31629	31670	31712	31753	31794	31836	31877	31918	31960	32001	760
770	32042	32084	32125	32166	32207	32249	32290	32331	32372	32414	770
780	32455	32496	32537	32578	32619	32661	32702	32743	32784	32825	780
790	32866	32907	32948	32990	33031	33072	33113	33154	33195	33236	790
800	33277	33318	33359	33400	33441	33482	33523	33564	33604	33645	800
810	33686	33727	33768	33809	33850	33891	33931	33972	34013	34054	810
820	34095	34136	34176	34217	34258	34299	34339	34380	34421	34461	820
830	34502	34543	34583	34624	34665	34705	34746	34787	34827	34868	830
840	34909	34949	34990	35030	35071	35111	35152	35192	35233	35273	840
850	35314	35354	35395	35435	35476	35516	35557	35597	35637	35678	850
860	35718	35758	35799	35839	35880	35920	35960	36000	36041	36081	860
870	36121	36162	36202	36242	36282	36323	36363	36403	36443	36483	870
880	36524	36564	36604	36644	36684	36724	36764	36804	36844	36885	880
890	36925	36965	37005	37045	37085	37125	37165	37205	37245	37285	890
900	37325	37365	37405	37445	37484	37524	37564	37604	37644	37684	900
910	37724	37764	37803	37843	37883	37923	37963	38002	38042	38082	910
920	38122	38162	38201	38241	38281	38320	38360	38400	38439	38479	920
930	38519	38558	38598	38638	38677	38717	38756	38796	38836	38875	930
940	38915	38954	38994	39033	39073	39112	39152	39191	39231	39270	940
950	39310	39349	39388	39428	39467	39507	39546	39585	39625	39664	950
960	39703	39743	39782	39821	39861	39900	39939	39979	40018	40057	960
970	40096	40136	40175	40214	40253	40292	40332	40371	40410	40449	970
980	40488	40527	40566	40605	40645	40684	40723	40762	40801	40840	980
990	40879	40918	40957	40996	41035	41074	41113	41152	41191	41230	990
1000	41269	41308	41347	41385	41424	41463	41502	41541	41580	41619	1000
1010	41657	41696	41735	41774	41813	41851	41890	41929	41968	42006	1010
1020	42045	42084	42123	42161	42200	42239	42277	42316	42355	42393	1020
1030	42432	42470	42509	42548	42586	42625	42663	42702	42740	42779	1030
1040	42817	42856	42894	42933	42971	43010	43048	43087	43125	43164	1040
1050	43202	43240	43279	43317	43356	43394	43432	43471	43509	43547	1050
1060	43585	43624	43662	43700	43739	43777	43815	43853	43891	43930	1060
1070	43968	44006	44044	44082	44121	44159	44197	44235	44273	44311	1070
1080	44349	44387	44425	44463	44501	44539	44577	44615	44653	44691	1080
1090	44729	44767	44805	44843	44881	44919	44957	44995	45033	45070	1090
1100	45108	45146	45184	45222	45260	45297	45335	45373	45411	45448	1100
1110	45486	45524	45561	45599	45637	45675	45712	45750	45787	45825	1110
1120	45863	45900	45938	45975	46013	46051	46088	46126	46163	46201	1120
1130	46238	46275	46313	46350	46388	46425	46463	46500	46537	46575	1130
1140	46612	46649	46687	46724	46761	46799	46836	46873	46910	46948	1140
1150	46985	47022	47059	47096	47134	47171	47208	47245	47282	47319	1150
1160	47356	47393	47430	47468	47505	47542	47579	47616	47653	47689	1160
1170	47726	47763	47800	47837	47874	47911	47948	47985	48021	48058	1170
1180	48095	48132	48169	48205	48242	48279	48316	48352	48389	48426	1180
1190	48462	48499	48536	48572	48609	48645	48682	48718	48755	48792	1190

部門 B

付 表 2   （つづき）

単位 μV

温 度 (℃)	0	1	2	3	4	5	6	7	8	9	温 度 (℃)
1200	48828	48865	48901	48937	49974	49010	49047	49083	49120	49156	1200
1210	49192	49229	49265	49301	49338	49374	49410	49446	49483	49519	1210
1220	49555	49591	49627	49663	49700	49736	49772	49808	49844	49880	1220
1230	49916	49952	49988	50024	50060	50096	50132	50168	50204	50240	1230
1240	50276	50311	50347	50383	50419	50455	50491	50526	50562	50598	1240
1250	50633	50669	50705	50741	50776	50812	50847	50883	50919	50954	1250
1260	50990	51025	51061	51096	51132	51167	51203	51238	51274	51309	1260
1270	51344	51380	51415	51450	51486	51521	51556	51592	51627	51662	1270
1280	51697	51733	51768	51803	51838	51873	51908	51943	51979	52014	1280
1290	52049	52084	52119	52154	52189	52224	52259	52294	52329	52364	1290
1300	52398	52433	52468	52503	52538	52573	52608	52642	52677	52712	1300
1310	52747	52781	52816	52851	52886	52920	52955	52989	53024	53059	1310
1320	53093	53128	53162	53197	53232	53266	53301	53335	53370	53404	1320
1330	53439	53473	53507	53542	53576	53611	53645	53679	53714	53748	1330
1340	53782	53817	53851	53885	53920	53954	53988	54022	54057	54091	1340
1350	54125	54159	54193	54228	54262	54296	54330	54364	54398	54432	1350
1360	54466	54501	54535	54569	54603	54637	54671	54705	54739	54773	1360
1370	54807	54841	54875								1370

備　考   基準接点の温度は 0 ℃とする。

基準接点の温度を20℃とするときは，上表の値から 798 μV を差し引くものとする。

部門C

減衰振動

§1 はじめに

　私達の身の回りには様々なものがある．それらのものは，岩石，土砂，河川の水や空気のように命を持たないものであったり，植物や動物のように命を持ち自分の意志で活動するものもある．これらのものがどんな運動をしているか少し考えてみよう．

　皆さんが一番よく目にするものの運動形態は，止まっている状態であろう．止まっている状態を運動形態と呼ぶのは抵抗があるかも知れないが，これが最もありふれたものの状態であることは間違いないだろう．人の目と脳のはたらきは，止まているものに鈍感で，動いているものには敏感に反応するようになっているそうだ．このことも，止まっている状態というのが私達の身の回りでは非常にありふれていて，それに対し動いているということは特別で重要な意味を持っているということと関係しているに違いない．

　では，止まっている以外の状態の運動はどのようなものがあるだろうか．個々の運動を細かく見ると，様々な動き方があり，そのすべてを簡潔に表現することはできない．しかし，大局的に見ればものの動きは，速度の変化はあるものの位置の制限なくどんどん移動して行くような運動 (非束縛的な運動) と，運動する範囲が限られていてある空間内を行ったり来たりする運動 (振動的な運動) の二つに大別できるのではないだろうか．非束縛的な運動の例としては，大気の運動である風が挙げられるかも知れない．遮るものがなければ，風は何処までも吹いていくように見える．たとえ障害物があってもそれを避けて大気は流れて行く．一方で，大気の大循環があり，大気は地球表面の限られた空間に閉じ込められ，地球外に逃げて行くことは稀であることを考えると，大気の運動も一種の振動的な運動であるとみなすことも出来なくはない．このように考えると，止まっている以外に私達がいちばん馴染みのある運動は振動的な運動であるということになる．

　ところで，静止しているものと振動的な運動をしているものとはどの様な関係にあるだろうか．世の中には静止し続けるものと運動し続けるものの二種類があると考える人はいないだろう．静止しているものも力を受ければ運動し始めるし，運動しているものもやがて速度が遅くなり静止する．振動的な運動が時間が経つと静止状態になるのは，運動を妨げるようにはたらく**抵抗力**が必ず存在するからである．諸君が高校で学習した振動的な運動の例は単振動や等速円運動であろう．これらの運動では抵抗力がはたらいていないため，私たちの身の回りの振動的な運動を理解するには十分ではないことが分かる．この実験では，抵抗力があるときの振動的な運動について理解を深めるため，**減衰振動**と呼ばれる現象に関する測定を行い，より現実的な振動的運動に

ついて理解を深める.

上記の説明は力学的な運動に付いてであったが,同様の現象は電気回路を流れる電流の振る舞いでも起こることが知られている.電気回路において,もっともありふれた状態は電流が流れていない状態であり,力学における静止状態に対応する.また,電流が流れる場合も,電流が時間的に増減するのが一般的で,力学における振動的な運動に対応付けることが出来る.実際に,電気回路を流れる電流を測定すると,力学における減衰振動と全く同様の時間変化が見られることが分かっている.これは偶然ではなく,後述するように,力学的な振動運動を記述する微分方程式と,電気回路中を流れる電流の時間変化を記述する微分方程式が同じ形をしているためである.

§2   目的

この実験では,定量的な測定が容易な,コンデンサー,コイルと抵抗からなる電気回路 (RLC 回路) を用い,回路を流れる電流や素子にかかる電圧を測定し,減衰振動の現象を観察する.RLC 回路を流れる電流の振る舞いは,力学的運動において,速度に比例する抵抗力がある場合の振動的な運動と同じ微分方程式に従うことが知られている.この RLC 回路における減衰振動の現象を,様々な条件で定量的に測定することで理解を深める.

§3   理論

§3.1   力学的における減衰振動

まず力学的運動における減衰振動の一般的解説を行う.粘性を持つ液体の中で単振子を振動させた場合を考えると,振動する単振子には位置に比例する復元力に加えて,速さに比例する抵抗力が作用する.このとき運動方程式は,

$$m\frac{d^2x}{dt^2} = -ax - 2mk\frac{dx}{dt} \tag{C.1}$$

となる.ただし,便宜上,抵抗力の比例定数を $2mk$ としてある.抵抗力のないときの角振動数を ω とすれば $\omega = \sqrt{\dfrac{a}{m}}$.したがって,$a = m\omega^2$ であるから,上の運動方程式は,

$$\frac{d^2x}{dt^2} + 2k\frac{dx}{dt} + \omega^2 x = 0 \tag{C.2}$$

となる.これを解くために,$x = \exp(\lambda t)$ とおき代入すると,(C.2) 式が成立する条件は

$$\lambda^2 + 2k\lambda + \omega^2 = 0 \tag{C.3}$$

であることが分かる.この λ に関する二次方程式を解くと,$\lambda = -k \pm \sqrt{k^2 - \omega^2}$ となる.したがって,

$$x = \exp(-kt \pm \sqrt{k^2 - \omega^2}\, t) \tag{C.4}$$

が (C.2) 式の解である.しかし,根号の中に $k^2 - \omega^2$ が入っているので,この符号にしたがって分けて考える必要がある.

(1) 抵抗力が比較的小さく $k < \omega$ の場合 (Underdamping)

$\exp(-kt \pm i\sqrt{\omega^2 - k^2}\, t)$ が (C.2) 式の解である．それゆえ A, B を定数としたとき，

$$x = \exp(-kt)\left\{ A\exp\left(i\sqrt{\omega^2 - k^2}\, t\right) + B\exp\left(-i\sqrt{\omega^2 - k^2}\, t\right) \right\} \tag{C.5}$$

も (C.2) 式の解である．オイラーの関係式

$$\exp(i\theta) = \cos\theta + i\sin\theta, \quad \exp(-i\theta) = \cos\theta - i\sin\theta \tag{C.6}$$

を用いると，(C.2) の一般解は

$$x = A_0 \exp(-kt)\cos\left(\sqrt{\omega^2 - k^2}\, t + \alpha\right) \tag{C.7}$$

となる．すなわち，振幅が $A_0\exp(-kt)$ にしたがって指数関数的に小さくなっていく振動と考えることができる (図 1).

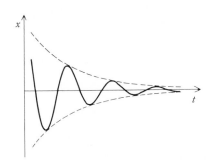

図 1

周期は (C.7) 式より

$$T = \frac{2\pi}{\sqrt{\omega^2 - k^2}} \tag{C.8}$$

周期 T が経過すると振幅は

$$\frac{x(t+T)}{x(t)} = \exp(-kT) = \exp\left(-\frac{2\pi k}{\sqrt{\omega^2 - k^2}}\right) \tag{C.9}$$

の割合で小さくなる．この割合の自然対数の絶対値を対数減衰率 β とよぶ．

$$\beta = \frac{2\pi k}{\sqrt{\omega^2 - k^2}} \tag{C.10}$$

減衰運動において，以上のように振幅が順次小さくなる周期的運動を行うのは，減衰項が余り大きくない場合に限られるので，Underdamping と称される．

(2) 抵抗力が大きく $k > \omega$ の場合 (Overdamping)

この場合，一般解は

$$x = \exp(-kt)\left\{ A\exp\left(\sqrt{k^2 - \omega^2}\, t\right) + B\exp\left(-\sqrt{k^2 - \omega^2}\, t\right) \right\} \tag{C.11}$$

で非周期運動を行う．$t = 0$ で $x = x_0$ で静かに放す場合には

$$A = \frac{1}{2}x_0\left(1 + \frac{k}{\sqrt{k^2 - \omega^2}}\right), \quad B = \frac{1}{2}x_0\left(1 - \frac{k}{\sqrt{k^2 - \omega^2}}\right) \tag{C.12}$$

となり，解は

$$x = x_0\exp(-kt)\left\{ \cosh\left(\sqrt{k^2 - \omega^2}\, t\right) + \frac{k}{\sqrt{k^2 - \omega^2}}\sinh\left(\sqrt{k^2 - \omega^2}\, t\right) \right\} \tag{C.13}$$

となる．この解は，$x = 0$ の位置には $t \to \infty$ 以外には到達しない (図 2).

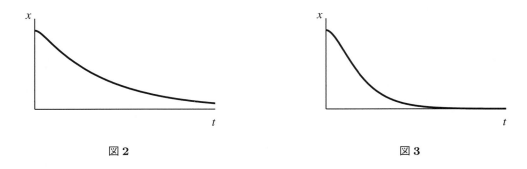

図 2   図 3

(3) $k = \omega$ の場合 (Critical damping)

$\sqrt{k^2 - \omega^2} = 0$ となるので (C.3) 式の解は 1 個しかなくなる．$x = \xi \exp(-kt)$ とおき (C.2) に代入すると，

$$\frac{d^2\xi}{dt^2} = 0 \qquad \therefore \xi = At + B \tag{C.14}$$

したがって解は，$x = (At + B)\exp(-kt)$ となり，Overdamping と同じ初期条件のとき

$$x = x_0(kt + 1)\exp(-kt) \tag{C.15}$$

となる．これは非周期運動であるが，Overdamping の場合よりも早く平衡の位置に落ち着く (図 3)．以上が，力学における減衰振動の取扱いの要約である．

§3.2   電気回路における減衰振動

図 4 に示すような抵抗を含む共振回路を考える．キルヒホッフの法則より

$$R^*I = \frac{Q}{C} - L\frac{dI}{dt} \tag{C.16}$$

また，電流の方向を図に示すようにとれば

$$I = -\frac{dQ}{dt} \tag{C.17}$$

以上の二式より I を消去すれば微分方程式

$$L\frac{d^2Q}{dt^2} + R^*\frac{dQ}{dt} + \frac{Q}{C} = 0 \tag{C.18}$$

が得られる．この式は前述の力学的減衰振動の微分方程式 (C.2) と，係数の違いを別にすれば同じ形をしている．二つの微分方程式の係数を比較し，係数の対応関係を考慮してやれば，§3.1 で得られた結果が利用できることが分かる．

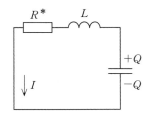

図 4

§4 装置

本実験で使用する器具は次のとおりである.

- 図5のアクリル板で出来た端子盤 (コンデンサー, コイル, 可変抵抗を含む)
- 発振器
- オシロスコープ
- 変換コネクタと配線のためのリード線
- テスター

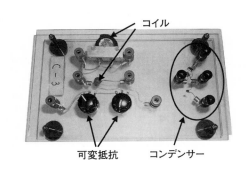

図5

§5 実験の準備

§5.1 発振器とオシロスコープ

1. 発振器の使用説明書に記載されている通りに操作を行い, 切換えスイッチや調整用のツマミの使用法とそれらのはたらきを理解せよ.
2. オシロスコープについても同様に使用説明書を手引きとしてその使用法を理解せよ.
3. 発振器から正弦波や方形波を発生させ, それをオシロスコープで観察してみる.

§5.2 各装置間の接続

1. オシロスコープの入力端子と発振器の出力端子には変換コネクタを取り付ける.
2. オシロスコープ, 発振器, 端子盤間の接続は, 各装置に備え付けられた入出力端子に赤または黒のリード線を差し込むことによって行う.
3. 電気回路では黒は「アース (接地)」の意味があり, 変換コネクタの色着けもそうなっている. 配線のリード線もその色分けに従って使用すると配線間違いが予防出来る.
4. アース線と信号線を混同すると, 正しく電圧が測定できない. 信号の電圧が非常に小さい, ノイズばかりしか見えないなど, 理解できない信号波形が観測された場合は, 配線間違いがないかどうかを再確認すること.

§6　測定

§6.1　Underdamping の観察と測定

1. この実験では 330 pF のコンデンサを使用すること．また，コイルは 102 と表記してある鉄心なしのものを用いる．

2. 変換コネクタとリード線を用いて，図 6 のように配線を行う．

3. Underdamping が起こる条件にするためには，可変抵抗 R の値を小さくする必要がある．ただし，抵抗値を小さくし過ぎると振幅の減衰率が小さく，対数減衰率の測定が不正確になる．また，抵抗値が大き過ぎると，振動の周期が読み取りづらくなり，周期の測定の精度が悪くなる．適度に減衰が起こるように抵抗値を調節する．

4. 発振器の波形の切換えスイッチで波形を方形波にして，端子盤からの信号をオシロスコープで観測する．方形波の電圧が負から正，あるいは，正から負に変化する部分に減衰振動の波形が現れるので，その波形が正確に測定出来るように，オシロスコープの設定を調整する．

5. Underdamping の状態で振動の周期を出来るだけ正確に測定する．

6. 同時に，振幅の極大値と極小値の電圧を何点か測定する．この測定値が対数減衰率を計算するもととなるので，オシロスコープの画面で出来る限り正確に電圧を読み取ること．

7. 可変抵抗 R の値を測定する．測定の際には，他の素子や装置の影響を避けるため，可変抵抗に付けたリード線を外し (可変抵抗どうしをつなぐリード線は外さない)，テスターで抵抗値を測定する．

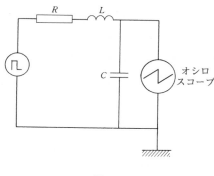

図 6

§6.2　Critical damping の観察と測定

1. 可変抵抗 R を徐々に増加すると，Underdamping → Critical damping → Overdamping と変化する様子を観察する．

2. 観察結果から，どのようなときが Critical damping に相当するかよく考えること．

3. Critical damping の状態に可変抵抗 R を固定し，そのときの抵抗の値をテスターで測定する．

§6.3 抵抗値測定の注意

RLC 回路の特性を決める抵抗値は回路全体の抵抗値 R^* であることに注意が必要である．可変抵抗 R 以外にも，以下の抵抗があるので，それも足し合わせたものを $R^* = R + r + r^*$ として用いる必要がある．

- 発振器の内部には，過電流を防止するために，直列に抵抗 r が入っている．この実験で用いる発振器の場合はその値は $r = 50\Omega$ である．
- 理想的なコイルには抵抗成分は無いが，現実のコイルには小さいが抵抗成分 r^* がある．この抵抗値はテスターを用いて測定する必要がある．

§7 課題：**Basic**

問 1 §6.1 の手順にしたがって，Underdamping の波形の観察と測定を行え．

問 2 §6.2 の手順にしたがって，Critical damping の波形の観察と測定を行え．

問 3 §3 の理論を参考にして，この実験での測定量とコンデンサーの容量 C，コイルのインダクタンス L，抵抗値 R^* の関係を求めよ．

問 4 Underdamping のときの (i) 周期，(ii) 対数減衰率および (iii) Critical damping の条件の 3 通りの方法でコイルのインダクタンス L を求めよ．

§8 課題：**Advanced**

問 5 問 4 で求めた 3 通りのコイルのインダクタンス L は，測定精度に由来する誤差を持っている．誤差伝播法則を用いて，誤差の大きさを 3 通りの方法に付いて評価すること．その結果を用いて，どの方法で求めたインダクタンスが最も信頼できるかを議論すること．

問 6 問 4 の計算は同一のコイルのインダクタンスを 3 つの異なる方法で測定したので，本来は数値は一致するものと期待される．求めた 3 つのインダクタンスの値の差が，見積もった誤差のみで説明できるかについて議論すること．

問 7 オシロスコープの入力端子とアースの間には約 $1\,\mathrm{M\Omega}$ の電気抵抗と約 $15\,\mathrm{pF}$ 程度の容量が並列に入っている．これらが解析結果に与える影響を，出来るだけ定量的に評価せよ．

部門 C

部門D

放射線測定

§1　はじめに

　α 線，β 線，γ 線の三種類の放射線は，原子核があるエネルギー準位からエネルギーがそれより低い別のエネルギー準位に遷移するときに放出される．α 線は質量数 4 のヘリウム (He) 原子核，β 線は電子で，ともに荷電粒子である．一方，γ 線は中性粒子であり，X 線よりもさらに波長の短い電磁波である．したがって，原子核は γ 線を放出しても，その陽子数・中性子数を変えない．しかし，γ 線の放出によって電磁波としてエネルギーや角運動量が持ち出されるために，原子核準位の持つエネルギーや角運動量の値が変化する．原子核の構造は量子力学によって記述されるため，エネルギー準位は離散的になり，結果として放出される γ 線も特定のエネルギーを持つ．また γ 線の性質として，物質を透過する能力が高いことが挙げられる．

　α 線や β 線のような荷電粒子は，物質との電磁相互作用によって運動エネルギーを失う．運動エネルギーを完全に失わせるだけの厚さを持った物質を通過させることによって，α 線や β 線を吸収してしまうことは比較的容易である．これに対して，電荷を持たない γ 線は物質と相互作用する確率が小さいために，透過能力が高く，それらを遮蔽するためには非常に厚い物質層が必要となる．もちろん，γ 線と物質の相互作用も量子力学過程であり，その理解には量子力学の知識が必要である．比較的強度の弱い放射線源 (γ 線源) からの γ 線が，鉛 (原子番号 $Z = 82$)，銅 ($Z = 29$) の金属板によって吸収・散乱される様子を観察しよう．

§2　目的

　今回の実験は，(1) 放射性セシウム (^{137}Cs) から放出される γ 線のエネルギー分布を，Gd-Al-Ga ガーネット (GAGG) シンチレーション検出器で測定し，(2) 特定エネルギーの γ 線を用いて，γ 線と鉛 (原子番号 $Z = 82$)，銅 ($Z = 29$) が，どのように相互作用するかを調べることを目的とする．

§3　理論

§3.1　γ 線と物質との相互作用

　γ 線の吸収過程は，その放出過程と同じく確率的な現象である．物質中を進行する γ 線は，物質中の原子と相互作用して吸収・散乱される．この相互作用には，(a) 光電効果，(b) コンプトン散乱，(c) 電子対生成などがある．図 1 を見るとわかるように (a), (c) では，相互作用によって γ

線は消失するが，(b) では γ 線はエネルギーは小さくなるが，消失はしないことに注意しよう．

(a) 光電効果

γ 線が物質中の原子に吸収され，その原子に束縛されていた電子を，

$$E_e = E_\gamma - I$$

のエネルギーで放出させる過程 (図 1(a) 参照)．E_γ, I はそれぞれ，γ 線のエネルギー，放出される電子の束縛エネルギーである．この過程が起こる確率 (τ) は，物質中の 1 原子あたり，

$$\tau \sim B \cdot Z^n / E_\gamma^3, n = 4 \sim 5$$

であることが知られている．ここで n は γ 線のエネルギー範囲によって 4 と 5 の間で変化する量であり，また B は定数である．

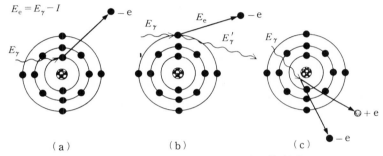

図 1 物質による γ 線の主な吸収過程 (模式図).

(b) コンプトン散乱

物質中の電子による，γ 線の散乱過程 (図 1(b) 参照)．エネルギーおよび，運動量の保存則により，γ 線の散乱と同時に，電子の散乱が起こり，入射 γ 線はエネルギーの一部を失う．この過程が起こる確率 (σ) は，物質中の 1 原子あたりの電子の数に比例するので，原子番号とともに，直線的に増加する．定数 C を使って以下のような式で近似できる．

$$\sigma \sim C \cdot Z$$

(c) 電子対生成

γ 線のエネルギーが 1.022 MeV(単位に関して解説 §8 参照) よりも高い場合，物質中の原子を構成する原子核の作るクーロン場によって γ 線が消失し，一対の電子と陽電子が生成される過程 (図 1(c) 参照)．電子対を生成するのに必要なエネルギーは，1.022 MeV で，入射した γ 線のエネルギーからこれを差し引いて余ったエネルギー $(E_\gamma - 1.022)$ MeV は，すべて陽電子と電子の運動エネルギーとして分配される．この過程が起こる確率 (k) は，物質中の 1 原子あたり，定数 D を使って以下の式で近似できる．

$$k \sim D \cdot Z^2$$

§3.2 γ 線の吸収理論

これらの過程によって，γ 線は物質に吸収されていくのだが，その単位体積あたりの原子に吸収される確率 (μ) は，物質中での単位体積あたりの原子数を M で表すと，

$$\mu = M(\tau + \sigma + k), M = N_{\mathrm{A}} \cdot \rho / A \tag{D.1}$$

と書ける．ここで，N_{A} はアボガドロ数，ρ は物質の密度，A は質量数である．そこで，いま γ 線を光子の集まりと考えると，微小厚さ $\mathrm{d}x$ の物質に入射する毎秒 N 個の光子が，毎秒 $\mathrm{d}N$ 個づつ吸収される，という過程は，

$$-\mathrm{d}N = \mu N \mathrm{d}x \tag{D.2}$$

と書くことができる．μ は吸収係数とよばれる量であり，吸収過程の説明からわかるように，物質の種類 (その密度 ρ，原子番号 Z，質量数 A) や，入射 γ 線のエネルギー E_γ によって変化する量である．

物質がないときの毎秒あたりの光子数を N_0 として，(D.2) 式を積分すると，

$$N(x) = N_0 \mathrm{e}^{-\mu x} \tag{D.3}$$

となる．この式より分るように，物質を透過する光子の数は物質の厚さによって指数関数的に減少する．また，μ の単位の次元は，(D.2) 式から明らかなように $[1/L]$ であり，たとえば MKSA 単位系では μ の単位は m^{-1} で表される．実験では γ 線源と GAGG 検出器との間に，銅・鉛を置き，その厚さを変えたときの GAGG 検出器で測定される γ 線の計数率 (単位時間あたりに検出される放射線の数) の変化を測定する．

ところで実際に測定を行うと，GAGG 検出器の計数率は，たとえ線源を取り去ったとしても 0 にならず，値は小さいがある一定の値を示すことがわかる．この値のことをバックグラウンド (Background) の計数率とよんでいる．Background の計数率は自然に存在する放射線によるもので，たとえば宇宙線や，建物のコンクリート部分に多く含まれているカリウム (K) の放射性同位元素 ($^{40}\mathrm{K} \rightarrow \beta + {}^{40}\mathrm{Ar}^*$, $^{40}\mathrm{Ar}^* \rightarrow \gamma + {}^{40}\mathrm{Ar}$) から発生した γ 線などによっている．

Background 計数率 (N_{B} とする) を考慮して (D.3) 式を書き直すと，

$$N(x) = N_0 \mathrm{e}^{-\mu x} + N_{\mathrm{B}} \tag{D.4}$$

と書ける．そこで，この式を変形して対数を取ると，

$$\ln\{N(x) - N_{\mathrm{B}}\} = -\mu x + \ln N_0 \tag{D.5}$$

と書けて，N_{B} および物質の厚さ x のときの γ 線の計数率 $N(x)$ の測定値から μ が得られる．

§4 装置

- $^{137}\mathrm{Cs}$ 線源．§4.1 の説明参照 (実験指導者から直接受け取り，直接実験指導者に返却する)
- GAGG 検出器．
- 方眼紙 (通常のもの，片対数)．
- 吸収板 (銅，鉛)．

§4.1　^{137}Cs 線源

　一般に放射線源の取り扱いは特別の施設内で，特別な訓練を受け許可を受けた者にのみ許されることになっているが，今回用いるような β，γ 線強度の極めて弱い完全密封された線源の場合は，十分な注意と管理の下であれば，普通の実験室でも使用することができる．くれぐれも万全の注意を払って，破損・紛失のないように取り扱うこと．もし，破損・紛失などの事態が発生することになれば，実験者本人にも多大の責任と後始末が課せられるのみならず，周囲の人々にも状況に応じた対応が要求されることになる．

　^{137}Cs 線源は，^{137}Cs 原子を含む物質を固形プラスチック容器の中に封じ込め，さらにそれを金属ケースの中に入れたものである．したがって意識的に破損しようとしないかぎり，通常の使用で ^{137}Cs が外に漏れ出ることはない．線源の前面には直径 1 cm の穴が開けてあり，この穴から白色のプラスチック容器本体が見える．測定では，この面を GAGG 検出器の方に向ける．

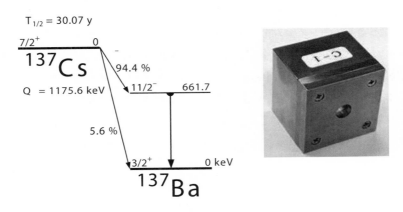

図 2　(左)^{137}Cs の崩壊様式と (右) 本実験で使用する ^{137}Cs 線源．全体の β 崩壊のうち 94.4% は ^{137}Ba の励起状態に遷移し，661.7 keV の γ 線を続けて放出する．^{137}Ba は安定核であり，^{137}Cs が ^{137}Ba に遷移後は放射能を失う．

　^{137}Cs の半減期は約 30 年であり，β 崩壊により電子を放出することで ^{137}Ba に崩壊する．ただし，全体の β 崩壊のうち 94.4% は ^{137}Ba の励起状態に遷移し，661.7 keV の γ 線を続けて放出する (図 2 参照)．ところで ^{137}Ba は安定核であり，^{137}Cs が ^{137}Ba に遷移後は放射能を失ってしまう．^{137}Cs の崩壊に伴って γ 線だけでなく β 線も放出されるのだが，物質との相互作用が大きい β 線は，線源容器の中や検出器外壁でほとんど吸収されてしまう．今回の実験では，661.7 keV の γ 線だけを考えれば十分である．また，1.022 MeV 以下の γ 線が対象であるので，今回の吸収実験では，電子対生成による吸収過程は起こっていないと考えてよい (§3 参照)．

§4.2　GAGG 検出器

　γ 線の検出には，GAGG (Gd-Al-Ga ガーネット) 結晶に Ce (セリウム) 原子がドープされた GAGG (Ce) シンチレーション検出器を用いる．これは，γ 線を実際に検出する部分と，検出器に入射した γ 線を数える電子回路からなっている．GAGG (Ce) 結晶中に侵入した γ 線は，§3 で述べた (a) 光電効果，(b) コンプトン散乱，(c) 電子対生成によって，ある確率でそのエネルギー

部門 D

の一部または全部を電子または陽電子の運動エネルギーに変換する. その (陽) 電子が電磁相互作用を通じて再び GAGG 中の電子を励起することで発生する蛍光 (シンチレーション光) 群を光ダイオードで検出することによって, γ 線が検出される. この様子を図 3 に示す. このとき発生するシンチレーション光子の数は検出器に付与されたエネルギーにほぼ比例するが, その発生過程が量子力学的であるがゆえに揺らぎを伴う. 光ダイオードは半導体を用いた検出器の 1 つであり, 光を電気信号に変換する機能を持つ. 電気信号はパルス形状になっていて, 1 つの γ 線が GAGG にエネルギー付与する毎にパルス信号が 1 つ発生し, そのパルスの高さはダイオードに入った光子数に比例し, つまり γ 線が検出器に付与したエネルギーに比例することになる. 今回の実験に使用する検出器は, ある高さ以上 (閾値) のパルス信号を数えるモード (DISC モード; Discriminator) と, あるパルス高さの範囲内に入った信号を数えるモード (SCA モード; Single Channel Analyzer) を有している. すなわち, あるパルス高さに相当するエネルギー (E) 以上, またはあるエネルギー範囲 ($E \sim E + \Delta E$) の γ 線の計数率が測定できる (図 4 参照).

　図 5 に検出器とその制御システムを示す. 実際の γ 線検出を行うときは, 検出器付近に γ 線源を置き, 制御システムを調整する. ①が波高閾値 (DISCRI) の調整つまみ (ヘリポットという) である. 検出器裏面にも同様の調整つまみがあり, これにより SCA モードのときにパルスの高さの幅 (ΔE) が調整出来る. ここで, ΔE の設定値はダイアルの 1/10 になることに注意しなければならない. 例えば図 6 の場合, 外枠の窓に表示された数字を小数点以上, ダイヤルから読み取った値を小数点以下として 3.00 と読む. このとき ΔE の設定値は 0.30 になる. ②,③が測定時間の設

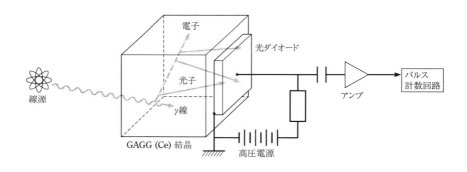

図 3 GAGG 検出器の概念図.

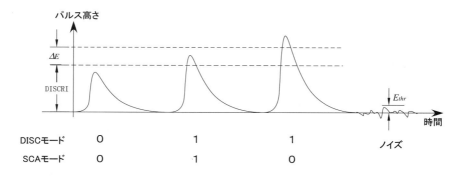

図 4 DISC モードと SCA モード. '0' は計数しない, '1' は計数するを意味する.

定部分で，②が分 (MIN) と秒 (SEC) の切替え，③が測定時間を示す．たとえば図7の(1)の場合12分，図7の(2)の場合35秒の間γ線の測定が行われる．②の右横のスイッチは測定モード (SCA・DISC) の切り替えスイッチである．④を押すと測定が開始され，検出器に入射したγ線の数が⑤に表示される．今回のような放射線計数実験ではその測定値は Poisson 分布に従うことが知られている．⑤に表示された測定値 C を平均値だと考えると，誤差（標準偏差）は $\delta C = \sqrt{C}$ で与えられる．計数率 N に直すには測定時間③(T) で割って，$N \pm \delta N = C/T \pm \sqrt{C}/T$ となる．

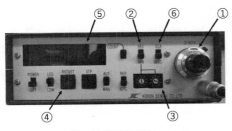

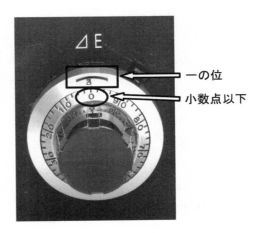

①：波高閾値調整つまみ
②：分/秒切替スイッチ
③：測定時間
④：リセット＆測定開始ボタン
⑤：測定値表示画面
⑥：SCA-DISC モードスイッチ

図5 GAGG 検出器と制御システム.

図6 ヘリポットの例. この写真では 3.00 にセットされており，ΔE の値はその 1/10 の 0.30 になる.

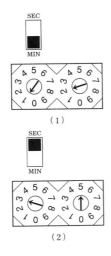

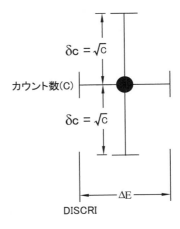

図7 測定時間の設定例. (1) の場合 12 分，(2) の場合 35 秒の測定が行われる.

図8 誤差棒のつけ方. この場合，縦軸の棒は統計誤差を，横軸の棒は測定範囲を示している.

§5 実験方法

§5.1 準備

1. まず，実験を行う前に，放射線の危険性に対する自覚をもつべく放射性アイソトープ・放射線・物質による放射線の吸収・放射線の測定・放射線が人体に与える影響，さらに実験の放射性物質を用いる作業に関する注意などについて学習する．今回用いる γ 線源は，その放射能強度が極めて弱い (約 10 kBq) が，一般に放射性物質の取り扱いには十分な注意が必要であり，事前によく学習しておくことが重要である．

2. さらに，テキストに載っている γ 線源および GAGG 検出器の取り扱いに関する解説を熟読してから実験に取り掛かること．この検出器は，**携帯電話**などからの**電磁波や振動に弱い**．よって，実験中は携帯電話を切り，机や実験装置に強い衝撃を与えないように注意すること．

3. 鉛を経口摂取すると体内に蓄積され，健康に悪影響をおよぼすことがある．実験中は鉛板には直接触れず，手袋を使用すること．

§5.2 エネルギースペクトルの測定

§4.1 で説明したように，^{137}Cs 線源からは，661.7 keV のエネルギーを持った γ 線のみが放出されている．横軸に γ 線のエネルギー，縦軸にその強度をとったグラフを線源スペクトルというが，残念ながら γ 線のエネルギーを直接測定することはできない．測定できるのは，§3 で説明した相互作用を通じて，γ 線が検出器に付与したエネルギーに比例した検出器の出力信号のパルス高さである．横軸をパルス高さ，縦軸を単位時間当たりのカウント数としてプロットすると，(^{137}Cs 線源からの γ 線が検出器に付与した) エネルギースペクトルが得られる．以下の方法で，^{137}Cs から放出される γ 線を観測してみよう．

1. はじめに，線源及び吸収板がない状態でノイズレベルの確認を行う．検出器を **DISC モード**にする（前面パネル⑥の SCA-DISC モードスイッチで DISC に切替える）．図 5 の前面パネル①の波高閾値調整つまみ（DISCRI）を一旦ゼロにして，測定を開始する．このとき，連続音を発しながら，図 5 中の⑤ の表示値は非常に速く増加する．①を⑤の表示値がゆっくり（1 秒間に 1~2 カウント増える程度）になるところまで回し，その時の①の値を読みとって記録する．その値を小数点 1 位までに切り上げた数値を E_{thr} として，①の値としてセットする．

2. 検出器を **SCA モード**にする（⑥の SCA-DISC モードスイッチで SCA に切替える）．

3. **裏面パネルの ΔE つまみを 1.00** ($\Delta E = 0.10$，説明は図 6 参照)，表面パネルの③測定時間を 2 min.にセットする．線源を**検出器の前にぴったりとつけて**置く．

4. ①を 0.10 ずつ変えながら検出器の計数が十分に小さく（10 秒間で 1 カウント以下程度に）なるまで測定を行い，カウント数 (C) を記録する (表 1 参照)．

5. 横軸をパルス高さ ($E =$①の値$+\Delta E/2$)，縦軸をカウント数 (C) としてグラフにプロットする．パルス高さの測定の幅 (ΔE) やカウント数の誤差 (δC) がわかるように誤差棒をつけてプロットする（図 8 参照）．カウント数の誤差については，§4 を参照のこと．

表1 測定結果の例.

DISCRI ①	ΔE	パルス高さ ①+$\Delta E/2$	カウント数 C	誤差 δC
1.40	0.10	1.45	809	28.4
1.50	0.10	1.55	988	31.4
1.60	0.10	1.65	979	31.3
1.70	0.10	1.75	803	28.3
1.80	0.10	1.85	793	28.2
1.90	0.10	1.95	714	26.7
2.00	0.10	2.05	627	25.0
2.10	0.10	2.15	446	21.1
⋮	⋮	⋮	⋮	⋮

部門D

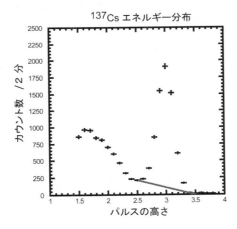

図9 測定の結果の例. ピークの下に直線を仮定したバックグラウンド $B(E)$ を引いた.

6. カウント数が減少した後, いったん増加に転じ, 再び減少してほとんど計数しなくなる (測定の一例を表1と図9にあげる). 図9に見られるピークは γ 線が §3(a),(b) の過程を経て全エネルギーを GAGG 検出器に落とした事象からなっている (全エネルギーピークと呼ぶ). ピークの最大値に対応するパルス高さ (横軸) の値を E_{peak} とする.

§5.3 吸収係数の測定

§3で説明したように, γ 線と物質との相互作用は, 物質の種類によって異なる. ここでは, 661.7 keV のエネルギーを持つ γ 線と物質との相互作用が, 2種類の物質 (銅・鉛) でどのように変化するか, 吸収係数を求めることによって検証してみる.

1. 検出器を **DISC モード**にする (前面パネル⑥の SCA-DISC モードスイッチで DISC に切替える).

2. 「エネルギースペクトルの測定」で求めたスペクトルから, ピーク全体をカウント出来る

図 10　吸収係数の測定のセットアップ.

ように①の波高閾値をセットする（スペクトルの谷の部分の値に①をセットする）．これにより ^{137}Cs から放出された 661.7 keV の γ 線を選別する.

3. バックグラウンドの測定を行う．前面パネル③を 10 min. にセットして**線源を検出器から十分遠く**に置き，Background 計数率の測定を行う．検出器の計数 C_B を測定時間 $T_B = 10$ min. で割った値が γ 線の吸収理論の節 (§3.2) で述べた N_B となる．また Background 計数率の誤差は $\delta N_B = \sqrt{C_B}/T_B$ となる.

4. ③を 3 min. にセットする．**線源と GAGG 検出器の距離を 3 cm に固定**し，銅・鉛の吸収板をそれぞれ，線源と GAGG 検出器の間に挿入して計数率の変化を測定する．与えられた 2 種類の厚さの吸収板を組み合わせて，吸収板の厚さを銅は $x = 5, 10, 15, 20, 25, 30$ mm に，鉛は $x = 1, 2, 3, 5, 10, 15$ mm と変化させる (図 10 参照)．γ 線の計数 $C^i(x)$, ($i =$ Cu, Pb) を 3 分ずつ測定し，各物質について各厚さでの計数率 $N^i(x) \pm \delta N^i(x) = C^i(x)/T \pm \sqrt{C^i(x)}/T$ を求める.

5. 片対数方眼紙に，横軸に物質の厚さ x，縦軸にその厚さの時に得られた計数率から Background 計数率を引いた値とその誤差 $(N^i(x) - N_B) \pm \delta(N^i(x) - N_B)$ をとり，プロットする．誤差は誤差伝播則より $\delta(N^i(x) - N_B) = \sqrt{(\delta N^i(x))^2 + (\delta N_B)^2}$ となる.

§6　課題：Basic

問 1　^{137}Cs からの γ 線のエネルギースペクトル測定において，γ 線と物質との相互作用を考え，スペクトルの構造を説明せよ．ピークは 661.7 keV の γ 線に対応している．どのような相互作用によって生じるか．また，コンプトン端と呼ばれる構造が観測できるが，どのような散乱が起っているか考察せよ.

問 2　エネルギースペクトルの測定でピークは，中心値 E_{peak} の周りに広がり (W) を持っている．ピーク全体は，何らかのバックグラウンドの上にのっている．ピークの広がりの要因として，検出器と放射線との相互作用の統計的性質や電気ノイズが考えられ，これらの統計パラメータを求め，検出器性能を評価するときの一つの指標となるエネルギー分解能を求めてみよう．バックグラウンド (B) の形状を一次関数 $B(E) = aE + b$ と仮定して，測定のグラフに目視で当てはめることにより求める（図 9 の赤い直線）．
ピークが最大値をとる点の前後 5 点ずつ，計 10 点程度 (但し，ピークの幅 W が狭い場合は点数を少なく，広い場合は多くして調整せよ) の測定点を選び出し，$C(E_j) - B(E_j)$ をプロットし直す (図 9 のデータからプロットし直したものが図 11)．ピークの形状はガ

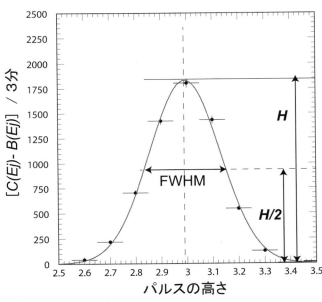

137Cs エネルギー分布

図 11　図 9 のデータから直線のバックグラウンドを引いてプロットしたものと，あてはめたガウス関数．半値全幅 (FWHM) とはピークの高さの半分 (半値) でのピークの幅 (全幅) を指す．

ウス関数 $G(x) = H\exp(-\dfrac{(x-\mu)^2}{2\sigma^2})$ で近似できる．広がり W は標準偏差 (σ) や，半値全幅 (FWHM ; Full Width at Half Maximum ; 図 11 参照) を用いてあらわすことが多い．ガウス関数を仮定すれば，FWHM と σ の関係は，FWHM $= 2\sqrt{2\ln 2}\cdot\sigma$ となる．$C(E_j) - B(E_j)$ のプロットに目視でガウス関数をあてはめ，中心値と FWHM を読み取る．FWHM と中心値 (E_{peak}) の比 $R(\%) = (FWHM/E_{peak}) \times 100$ をエネルギー分解能といい，エネルギーの異なる 2 種類の放射線をどの程度まで分解して測定できるかの指標となる．各自が使用した検出器のエネルギー分解能を求めてみよ．

問 3　吸収係数の測定で，銅・鉛についてプロットしたデータ点に対し目視で直線を当てはめる．(D.5) 式を基に，この直線の傾きから銅・鉛の吸収係数 μ^i をそれぞれ求める（片対数方眼紙は底が 10 の常用対数であることに注意せよ）．また y 切片から N_0^i を求める．吸収係数 μ^i は，物理量であるため単位を忘れずにつけること (§3.2 参照)．

§7　課題：Advanced

余裕のあるものは，以下の内容について取り組んでみよ．

問 4　エネルギー分解能を評価する際に，問 2 において目視で FWHM と中心値 (E_{peak}) を評価したが，計算によってより定量的に評価できる．グラフを作成する際にプロットした 10

点程度の測定点の平均値 μ と標準偏差 σ は次の式で計算できる.

$$\mu = \frac{\sum_j \{C(E_j) - B(E_j)\} \cdot E_j}{\sum_j \{C(E_j) - B(E_j)\}} \tag{D.6}$$

$$\sigma = \sqrt{\frac{\sum_j \{C(E_j) - B(E_j)\} \cdot (E_j - \mu)^2}{\sum_j \{C(E_j) - B(E_j)\} - 1}} \tag{D.7}$$

このとき, E_j はパルス高さの幅の中心値 $\mathrm{DISCRI}_j + \Delta E/2$ を用いる. 計算結果から, $E_{peak} = \mu$, $W = \mathrm{FWHM}$(ガウス分布を仮定せよ) を求め, 計算によって得られた値を目視での結果と比較してみよ.

問 5 実際に γ 線の吸収材として使用するには, 実験に用いた 2 種類の金属のどちらが適切か, その理由とともに考察せよ. また今回使用した物質以外の材料も考慮に入れると, どのような材料が良いだろうか. 実際に放射線を取り扱う現場で使用されている遮蔽材について調べてみるのも良い.

問 6 銅・鉛でそれぞれの吸収係数が異なった値となったのはなぜか, (D.1) 式を参考にして考察せよ. アボガドロ数 N_A, それぞれの物質の密度 ρ, 質量数 A, 原子番号 Z を調べて (D.1) 式に代入し, 定量的に評価してみよ. 今回の測定では γ 線のエネルギーから, 光電効果とコンプトン散乱のみを考えればよいが, どちらの相互作用が支配的であるか, 実験データをもとに考えてみよ.

問 7 吸収係数の測定において, 吸収板の種類や厚さが変わったとき, Background 計数率は変化しないと考えているが, それは妥当か考察せよ.

問 8 γ 線と物質との相互作用の中に出てくるコンプトン散乱の過程では, 多くの入射 γ 線が, 一部エネルギーを失って入射方向とは異なる方向へ散乱される. このことが吸収係数の測定に及ぼす影響はどのようなことが考えられるか. 更に, この影響を抑えて正確な吸収係数を測定するためにはどのような方法がありえるか.

§8　参考:放射能と放射線の単位

§8.1　放射線のエネルギーの単位：エレクトロンボルト eV

原子核, 素粒子, 原子, 分子などを扱う物理の分野ではエネルギー単位に,「eV」(エレクトロンボルトと読む) がよく用いられる. SI 単位系でのエネルギーの単位である「J」を用いると, $1\,\mathrm{eV} = 1.60218 \times 10^{-19}\,\mathrm{J}$ で, これは $+\,e$ の電荷を持つ荷電粒子が, 真空中で電位差 1 V の二点間で加速されたときに得るエネルギーに相当する. $1\,\mathrm{MeV} = 10^6\,\mathrm{eV}$ である.

ところで, 電子の静止質量は, $0.511\,\mathrm{MeV}/c^2$ であり, 電子対生成が起こり始める $1.022\,\mathrm{MeV}$ というエネルギーは, まさに電子と陽電子の静止質量の和 (に光速の二乗 c^2 をかけたもの) になっている.

§8.2 放射能強度： ベクレル **Bq**

原子核が放射線を出して崩壊するときに，その崩壊強度を示す単位として，「Bq」(ベクレルと読む) が用いられる．この単位は SI 単位系の補助単位で，1 秒あたりに崩壊する原子核の個数 (dps: disintegrations per second の意味) で表される．実際にはキュリー (Ci) という単位も用いられることがあり，$1\,\text{Ci} = 3.7 \times 10^{10}\,\text{Bq}$ という関係がある．

§8.3 照射線量： レントゲン **R**

放射線と物質との相互作用の結果，物質中にはたくさんの正負のイオンが生成されることになる．特に X 線と γ 線の空気中でのこのような電離作用の強度を示す単位として「R」(レントゲンと読む) が用いられる．単位は単位質量の空気中に発生した電荷量で与えられ，SI 単位系で表せば C/kg となる．$1\,\text{R} = 2.58 \times 10^{-4}\,\text{C/kg}$ という関係がある．

§8.4 吸収線量： グレイ **Gy**

同一のエネルギーをもつ γ 線が異なる物質に入射した場合，吸収されるエネルギー量は，それぞれの物質のもつ物理的性質や化学的性質の違いによって，一般に異なった値になる．そこで，単位質量あたりに吸収されたエネルギー量を示す単位として「Gy」(グレイと読む) が用いられる．SI 単位系の補助単位で，$1\,\text{Gy} = 1\,\text{J/kg}$ である．

異なる単位としてラド (rad) が用いられる場合もあり，$1\,\text{Gy} = 100\,\text{rad}$ という関係がある．ちなみに，1 R の γ 線で照射された空気は，1 kg あたり 0.0088 J，生体の軟組織では 1 kg あたり 0.0096 J のエネルギーを吸収する．したがって，この場合の生体の軟組織は，約 0.01 Gy (1 rad) の吸収線量を受けたことになる．

§8.5 線量当量： シーベルト **Sv**

生体に放射線が照射される場合は，同じ吸収線量であっても，放射線の違いによって生物的な効果が異なってくる．たとえば，物質との相互作用が強い α 線は，生体のなかのごくわずかな厚さで全エネルギーが吸収されてしまう．他方，γ 線ではエネルギーの吸収が空間的に分散する．したがって，生物的な損傷は一般に γ 線よりも α 線の方が重大なものとなる．このような生物学的な効果を定量的に表すために用いられる単位が，「Sv」(シーベルトと読む) である．

線量当量 (H) は，放射線の線質による違いを考慮するために，線質係数 (Q) を吸収線量 (D) に掛けた値 $H = QD$ として表される．異なる単位としてレム (rem) が用いられる場合もあり，$1\,\text{Sv} = 100\,\text{rem}$ である．

線質係数 (Q) は無次元の値で，国際放射線防護委員会 (ICRP: International Commision on Radiolodecal Protection の略) が勧告する近似値を表 2 に示した．

§9 参考書

放射線については，西山・小谷他編集，「物理学への道，下巻」，学術図書出版社刊に簡単な説明がある．γ 線の吸収過程や吸収係数については大抵の放射線測定に関する本に載っているので，

表2　各種の放射線に対する線質係数 (ICRP, 1977)

放 射 線 の 種 類	線質係数 (Q)
X 線・γ 線および電子	1
エネルギー不明の中性子・陽子・および静止質量が 1 原子質量単位より大きい電荷 1 の粒子	10
エネルギー不明の α 粒子と多重電荷の粒子 (および電荷不明の粒子)	20
熱中性子	2.3

それらを参考にするとよい. たとえば, 山崎文男編集, 実験物理学講座 26, 「放射線」, 共立出版社刊など. より詳しく, 放射線と物質との相互作用, 放射線測定全般について学びたい場合は, G. F. Knoll, 木村逸郎, 阪井栄治訳, 「放射線測定」, 日刊工業新聞社刊が詳しい.

部門 E

光学

§1 はじめに—虹の不思議—

虹は歴史上ずっと人々を魅了してきた．あの鮮やかな色彩や，虹の「足元」に決してたどり着くことができないことなどは，どう考えても神秘的である．虹が神霊の橋であるという信仰は世界各地に存在する．人間は想像力の限りを尽くして，その正体を探ろうとしてきた．自然現象を科学的手法で理解できる私たちは，虹が空気中の水滴内で光が屈折・反射・分散をした結果であることを知っている．その本質はマクスウェルによって集大成された古典電磁気学によって理解することができる．本実験課題で取り上げる「光の分散」は虹の現象と深くかかわっている．

空気中に水滴があり，太陽の高度が十分に低いという適当な条件の下で虹を見ることができる．雨上がりの空に浮かんでいる水滴は非常に大きく，光の波長の 100〜1000 倍にも相当し，光は水滴の中に進入し屈折・反射・分散される．図 1 に示すように，水滴中で一回反射を起こしたものが「主虹」であり，二回反射したものが「副虹」である．私たちが通常目にするのは主虹であるが，条件の良い場合には副虹も観察することが出来る．副虹は二回の反射を経ているので，主虹よりぼんやりとしていて，色の並び方は主虹と逆になる．

この実験課題で取り上げるプリズム中での光の分散現象に明快な説明を与えたのは，ニュートン (Isaac Newton, 1642–1727 英) である．ニュートンは自然現象を科学的にとらえる手法を確立し，「古典力学」を完成させた大天才としてあまりにも有名であるが，光の研究でもすばらしい業績をあげている．ニュートンリングやニュートンの反射式望遠鏡など，ニュートンを冠する光学機器や現象を知っている学生諸君は多いであろう．ケンブリッジ大学を訪ねると，ニュートンを記念する立像が小さなプリズムを手にしているそうである．

ここで，ニュートンがプリズムを用いた実験を通して光の色に対して革新的な説を提唱した経緯を紹介しよう (文献 [2] より引用)．ニュートン以前には，光に色彩が生じるのは光 (白色) と影 (暗黒) の混合によるとの説 (変容説) がギリシア時代から信じられてきた．白色は，光が本来持っている最も純粋な色であり，光に対して影の割合が増加するに従って，赤・緑・青というように暗い色に変化してゆくと考えられたのである．諸君は，本実験課題で光をプリズムに通すと色が生じることに気付くであろう．この現象は古くから知られていたが，ニュートン以前の人々は，ガラスを通すと色が生じるのはガラスの中に含まれる「暗さ」が役割を演じていると解釈していた．1666 年春，ニュートンはトリニティ・カレッジの自室の窓の板戸を閉め，板戸にあけた小さな穴を通して太陽光線を部屋に入れ，プリズムを用いて様々な実験を行った．この巧妙かつ

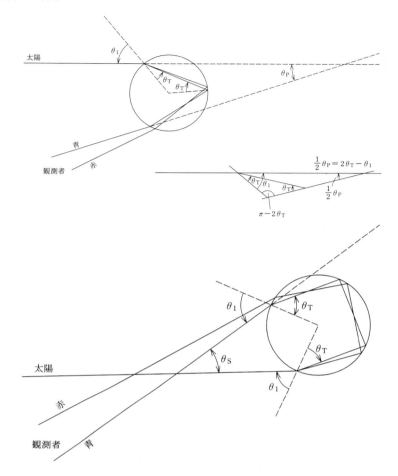

図 1 空気中に浮かぶ水滴内での光の屈折，反射，分散の様子．上の場合には主虹
が，下の場合には副虹が発生する．(文献 [1] より転載)

論理的な実験によって，「光は一般に様々な色光の混合であり，それぞれの色光に応じて屈折率が
異なるためにプリズムによってそれは分散される」と結論するに至った．こうして「光の変容説」
は退けられた．しかし，分散の度合いを定量的に説明するには，電磁場を記述する「マクスウェ
ルの方程式」(1864 年) を待たなければならなかった．ニュートンはこの研究によって「屈折式望
遠鏡」の限界 (色収差) を理論的に示し，「反射式望遠鏡」の発明 (1668 年) に至った．この実験課
題では，ガラスプリズムにおける光の分散の度合い (屈折率の違い) を精密に測り，それがマクス
ウェルの方程式によって如何に説明されるかを調べることを目的とする．千年以上にわたって信
じられてきた説に，実験を通して反駁を行ったニュートンに思いを馳せながら実験を行っていた
だきたい．

文献

[1] V. D. バーガー，M. G. オルソン共著 (小林澈郎，土佐幸子共訳)「電磁気学 II」培風館 (1992)

[2] 中島秀人著「ニュートンのプリズム」，渡辺正雄編著「ニュートンの光と影」共立出版 (1982)，pp.61-84

§2　目的

　この実験では分光計を用いてガラスプリズムの屈折率を測定する．屈折率の値は光の振動数に依存して変化し，プリズムを通り抜けた光が虹色に分散する原因となる．ガラスプリズムの屈折率は，最小偏角法を用いて決定する．いくつかの振動数 (色) の光で実験を行い，屈折率が振動数にどのように依存しているかを調べる．精密な測定を行うことで，屈折率と振動数の間にある美しい関係を見つけ出し，その背後にある物理を学ぶことを目的とする．

§3　理論

　単色光 (振動数 ν) がプリズムを透過する様子を図 2 に示す．プリズムに入射するとき，光は屈折の法則にしたがって進行方向を変える．プリズムから空気中に出るときにも同様に屈折する．最終的に光が進んでいく方向と入射光線の方向のなす角度 δ は偏角と呼ばれており，この角度は図 3 のように，入射角 i のみに依存する．そして，光線がプリズムを対称に透過するとき ($i = i'$, $r = r'$) に最小値 $\delta_0(\nu)$ をとる．このとき屈折率 $n(\nu)$ は次式のように，頂角 α と最小偏角 $\delta_0(\nu)$ で表すことができる．

$$n(\nu) = \frac{\sin \frac{\alpha + \delta_0(\nu)}{2}}{\sin \frac{\alpha}{2}} \tag{E.1}$$

したがって，測定により α および $\delta_0(\nu)$ の値が決定できれば，(E.1) 式を用いて屈折率を計算することができる．

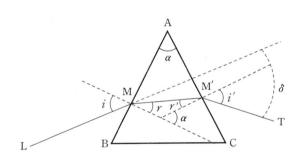

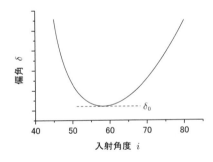

図 2　プリズムで光が屈折する様子．入射光線 L は入射角度 i で AB 面に入射し，二度の屈折を経た後，透過光線 T となる．L と T の成す角度が偏角 δ である．

図 3　偏角 δ が入射角度 i に依存する様子．δ はある入射角度のときに最小値を持つ．

§4　実験器具

　本実験に使用する器具および素材は，図 4 に示すようなものである．

- 三角プリズム
- 光源および電源
- 分光計 (望遠鏡とコリメータを含む)
- カウンター

- ミラー
- 水平調節用器具

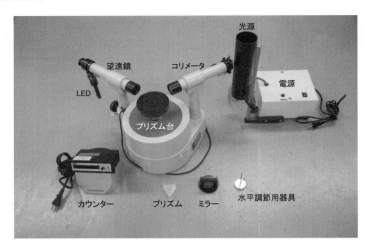

図4　実験装置. コリメータと望遠鏡を含む大きな装置が分光計である.

実験を開始するにあたって，装置の使い方に関する注意事項を先にあげておこう.

装置に関する注意

- ランプの起動については教員の指示に従うこと.
- プリズム，ミラー，ランプはガラスでできているので取り扱いに注意すること.
- ランプは非常に熱くなるので火傷に注意すること. ランプの抜き差しはガラスの部分ではなく，根元の部分を持って行うこと.
- ランプの「足」には太いものと細いものがある. 間違えないようにソケットに差し込むこと.

§5　調整

屈折率 $n(\nu)$ を知るには，分光計を用いて角度 α および最小偏角 $\delta_0(\nu)$ を測定する必要がある. 測定を精密に行うためには，分光計が以下のような状態になるように調節する.

- 光源から出てスリットを通過した光が，コリメーター出口 (プリズム台のところ) において平行光線となっていること.
- 接眼レンズの調節により，望遠鏡の焦点位置に置かれたクロス・ワイヤーが視差なく凝視できること. また，望遠鏡のピントが無限遠にあり，平行光線を観察できる状態になっていること.
- コリメーターと望遠鏡の光軸で作られる平面 (入射光線と透過光線によって作られる平面) がプリズム台の面と平行で，プリズムの AB 面および AC 面に対して垂直であること.

これらの状態が実現されてはじめて，分光計がその機能を発揮する. 当然のことながら，調整の良し悪しが角度 α や $\delta_0(\nu)$ の測定精度に影響をおよぼす. 以下に，上の状態が実現されるための具体的な調整手順を示す.

§5.1 望遠鏡の調整 (視度調整と無限遠調整)

望遠鏡は図 5 に示すような構造になっている.

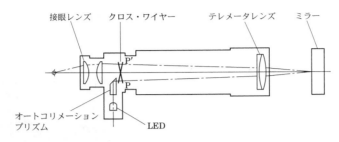

接眼レンズ　クロス・ワイヤー　テレメータレンズ　ミラー

P'

P

オートコリメーション
プリズム　　LED

図 5　望遠鏡の構造.

1. 接眼レンズを回転させて，クロス・ワイヤーにピントを合わせる (視度調整). 接眼レンズは大きく回転させないと変化がわかりにくい. 何回転も回してワイヤーがぼやける状態を確認してから，逆方向に回転させてピントを合わせること. この調整はおろそかになりやすいので注意すること.

2. できるだけ遠方 (数十 m～数百 m 先) の物体にピントが合うように，ピント調整ハンドルを回して調整する. この調整は無限遠にピントを合わせるための目安である.

3. 水平調整用器具を用いて，プリズム台をほぼ水平に合わせる (図 6). プリズム台を回転させながら，調整器具と台の隙間を観察すると，台の傾きが分りやすい. 台の傾きが小さくなるように，プリズム台の下側にある三つのネジを回して調節すること.

4. プリズム台の上にミラーを置き，望遠鏡と正対させる (図 6).

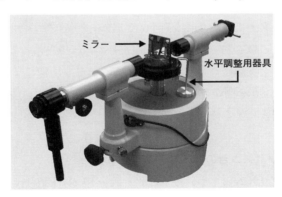

ミラー

水平調整用器具

図 6　プリズム台の上にミラーを配置した様子. 水平調整用器具の置き方. ミラーを望遠鏡に正対させることで，LED の光の反射光を観察する.

5. 電池を入れてオートコリメーション照明 (LED) を点灯する (使用しないときは電源を OFF にすること).

6. 望遠鏡を覗いて，図 7 右のような黄色い長方形 (LED の反射光) を見つけ，視野の中央にくるようにミラーの角度を調整する. 角度が大きくずれていると，反射光が望遠鏡に戻らないので黄色い長方形は見えない. 横方向の角度はプリズム台を回転させて調節し，縦方向の角度 (あおり) はプリズム台の水平調整用ネジで調整すること.

7. 望遠鏡のピント調整ハンドルを動かして，クロス・ワイヤーの反射像 (オートコリメーションプリズムの反射像の中に図 7 右に示すように見える) にピントを合わせる．合計 4 本のワイヤーがくっきり見える状態にすること．望遠鏡の調節はこれで終了なので，これ以後は動かしてはいけない．動かしてしまった場合には，もう一度調節をやり直す必要がある．

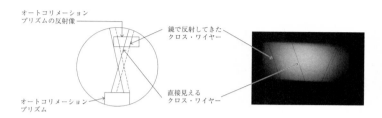

図 7　オートコリメーションプリズムの反射像の中にワイヤーが見える様子．

§5.2　コリメーターの調整

1. プリズム台の上のミラーを取り除く．

2. コリメーターの先端部分 (スリット部分) に注目し，金属の隙間 (スリット) がネジを回すことで変化することを確かめる．またスリット全体が回転し，隙間が水平あるいは垂直に出来ることを確認する．

3. スリットを水平にし，スリット幅をおよそ 1 mm にする．スリットの前にカドミウムランプを置いて点灯させる．ランプには四本の電極があり二本が太く，二本が細い．そのことに注意してソケットに差し込むこと．

4. 望遠鏡とコリメーターを正対させる (図 6 でミラーを取り除いた状態)．この状態で望遠鏡を覗き，スリットの像 (青白く細長い筋) が視野のほぼ中央にあることを確認する．

5. コリメーターのピント調整ハンドルを動かして，スリット像にピントを合わせる．このとき，望遠鏡のハンドルを動かさないように注意すること．また，スリット幅を変化させて，スリット像の幅が変化する様子を確認する．

§5.3　望遠鏡の光軸とプリズム台の回転軸を垂直にする

1. 図 8 のように，プリズムの 1 つの稜 AB が，線分 S_2-S_3 と直交するように置く．BC 面がプリズムのざらざらとした面で，$S_1 \sim S_3$ はプリズム台の下側にある水平調節用ネジのことである．ネジと番号との対応は各自定義してよい．

2. プリズムの頂点 A がコリメーターの方向を向くように配置する (図 9)．AB 面で反射された光の方向に望遠鏡を移動し，スリットの水平像を望遠鏡で観察する．その像がクロス・ワイヤーの中心より上，あるいは下にずれているのは，AB 面が傾いているためである．そのずれを，ネジ S_2 と S_3 を調節して修正する．

3. 望遠鏡を反対側に回転させて，AC 面からの反射光を観察する．像の高さがクロス・ワイヤーの中心からずれている場合には，ネジを調節してあわせるが，このときは S_1 のみを

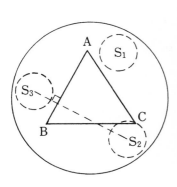

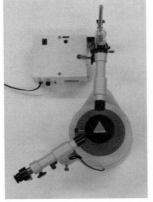

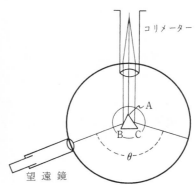

図 8 ネジ S_{1-3} (下側) とプリズムの置き方

図 9 反射光観察の配置図

図 10 反射光観察の模式図

動かす.

4. 再度 AB 面による反射光を観測し, スリットの水平像がクロス・ワイヤーの中心と一致していることを確める. ずれている場合には, 2-3 の手順を繰り返すこと.

§6 測定

§6.1 頂角 α の測定

頂角 α は図 10 に示された角度 θ の 1/2 であるので, 角度 θ を測定する.

1. スリットを垂直にして, スリットの幅を狭める. 幅は狭いほうが測定の精度が上がる. しかし, 狭くしすぎるとスリット像は細くて暗くなり, 実験は難しくなる. ちょうど良い幅を各自見つけること.

2. プリズムの AB 面で反射されたスリットの垂直像にクロス・ワイヤーを合わせ, カウンターの値をリセットする.

3. 望遠鏡を回転させて, AC 面で反射されたスリットの垂直像にクロス・ワイヤーを合せる. このときのカウンターの値が角度 θ である.

4. プリズム台の上でプリズムの位置をずらしたり, プリズム台を少し回転させたりして, そのたびごとに θ を測定せよ. 少なくとも 5 回は測定を行うこと. これらの値を平均して θ の測定値とする.

§6.2 最小偏角 $\delta_0(\nu)$ の測定

最小偏角は以下のような手順で測定する.

1. 図 11(A) に示すように, コリメーターから出てきた光線が AB 面からプリズムに入り, およそ対称にプリズムを通過して望遠鏡に入るような配置にする. この状態で望遠鏡を覗き, 各色に分かれたスリットの像 (スペクトル線) が見えることを確認する. 今回の実験で注目する "偏角" が, 実験配置ではどの角度に対応するのか, 図 11 を見ながら確認すること.

部門 E

(偏角の定義は，理論の最初の部分にあるように，入射光線とプリズムで二度の屈折を受けた後の光線のなす角度である．)

スペクトル線がぼんやり見える場合や虹色のように見える場合には，プリズムと望遠鏡の配置がよくない可能性が高い．偏角 δ は最小になっても 60 度程度は必要である．コリメーターの方向と望遠鏡のなす角度を意識しながら，再度配置してみること．

カドミウムランプには表 1 に示す五本のスペクトル線が存在する．望遠鏡を回転させてその存在を確認すること．分光計の調整が悪いとスペクトルはぼやけて見える．

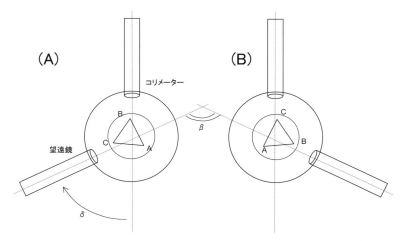

図 11　最小偏角測定の配置図．左側に屈折させる場合 (A) と右側に屈折させる場合 (B) の二つの最小偏角配置がある．

2.　プリズム台をゆっくり回したとき，各色に分かれたスリットの像が望遠鏡の視野の中で移動することを確認する．入射角度が変わり，偏角が変化するからである．

3.　さらにプリズム台を回し続けて，像の動きが反転する状況を発見する．例えば図 11(A) の配置では，スペクトル線が右に移動するようにプリズムを回転させていくと，同じ方向に回転させているにも関わらず，スペクトル線が左に動きはじめる角度がある．反対に図 11(B) の配置では，スペクトル線が左に移動するようにプリズム台を回転させていくと，あるところで右に移動するようになる．これらの反転が起こるときの偏角 δ(図 2 参照) が，その振動数 ν の光に対する最小偏角 $\delta_0(\nu)$ である．この角度を次のようにして測定する．

4.　図 11(A) の配置で，測定したいスペクトル線が反転する位置に，プリズム台の角度をあわせる．次に，そのスペクトル線にクロス・ワイヤーの中心がくるように望遠鏡を回転させて，カウンターをリセットする．このとき周囲が暗すぎるとクロス・ワイヤーが見えにくい．電気スタンドの明かりを少し入れるなど工夫をすること．また，スペクトル線が十分細くなるようにスリット幅を調節すること．

5.　次にプリズム台および望遠鏡を回転させて，図 11 右図 (B) の状態にする．(A) の場合と同様に，スペクトルの動きが反転する位置にクロス・ワイヤーをあわせ，カウンターの値を読みとる．この角度が図 11 中央に示された角度 β であり，β の 1/2 が最小偏角 $\delta_0(\nu)$ にあたる．

6. それぞれの振動数のスペクトル線について最小偏角を測定せよ．一つのスペクトル線について少なくとも 2 回は測定を行い，測定値がほぼ同じであることを確認すること．調整がうまくいっていると角度のばらつきは数分以内に収まるはずである．測定値が大きく異なる場合には測定を繰り返すこと．

表1 カドミウムランプのスペクトル線の振動数と色

振動数 ($\times 10^{12}$Hz)	色
465.6	赤
589.5	緑
624.6	青
640.8	青紫
679.1	紫

注意

色には個人差があり，表 1 に示した色は目安である．共同実験者と混乱のないように確認すること．

§7 課題：Basic

問1 測定から得られた頂角 α，最小偏角 $\delta_0(\nu)$ から，式 (E.1) を用いて屈折率 $n(\nu)$ を計算し，表にまとめよ．その際，カウンターに表示された角度が，度 ° 分 ′ 秒 ″ を用いる 60 進法で表されていることに注意すること．10 進法のつもりで計算すると正しい結果は得られない．

問2 屈折率が計算できたら，横軸が振動数で縦軸が屈折率のグラフ (分散曲線) を作成すること．振動数の範囲は，表 1 に示す全ての振動数を含むように決めること．

問3 なぜガラスプリズムの屈折率が光の振動数に依存するのかを理解するために，プリズムを振動子 (原子核に束縛された電子) の集まりとみなし，振動子が外場 (光の電場) によって強制振動させられるモデルを考える．そのモデルを仮定すると，屈折率 n は光の振動数 ν に以下のような関数形で依存することが示される．(付録-3 や，「物理学への道」(学術図書) 下巻第 5 章第 7 節などが参考になる．)

$$n(\nu) = \sqrt{1 + \frac{\nu_p^2}{\nu_0^2 - \nu^2}} \tag{E.2}$$

ここで，ν_0，ν_p はプリズムを構成するガラスの性質に関係する定数である．この式をプリズムによる光の分散式とよぶ．この分散式に従うと，光の振動数 ν が ν_0 に近いときには，屈折率 n が発散することになる (この振動数では何が起きているのだろうか？)．

今回の実験で得られた屈折率変化が，この分散式で説明できるかどうかを調べるために，次のような変数変換を行う．

$$x = \nu^2, \quad y = \frac{1}{n^2 - 1}$$

部門 E

$$a \;=\; \frac{1}{\nu_p^2}, \qquad b = \frac{\nu_0^2}{\nu_p^2}$$

上の変換を行うと，分散式は

$$y = -ax + b,$$

のような一次式に変換されることがわかる．

変換の後に一次式が得られたことは，実験結果から得られたデータを x-y 平面でプロットすれば，仮に分散式 (E.2) が正しいならば，データ点は直線に乗ることを意味する．このようなグラフを作成し，データ点が直線に乗るかどうかを確かめよ．

問 4　データ点に最も近い直線を引き，傾きと切片から ν_0, ν_p を求めよ．光の分散式 (E.2) に含まれる定数 (ν_0 と ν_p) が決定されたなら，屈折率を測定することにより，未知のスペクトル線の振動数 (波長) を決定することが可能である．ナトリウムランプの D 線 (色はオレンジで，極めて接近した二本のスペクトル線) で実験を行い，振動数を求めてみよ．

§8　課題：Advanced

問 5　光線がプリズムを対称に透過するとき (図 2 で $i = i'$, $r = r'$) 偏角 δ が最小値を持つとして，(E.1) 式を導出せよ．

問 6　プリズムの頂角 α と図 10 中の角度 θ の関係 $\theta = 2\alpha$ を導出せよ．

問 7　式 (E.2) の関数形を $0 < \nu < \infty$ の範囲でグラフ化し，ν_0 および今回測定した振動数範囲が，グラフの概形の中でどのような位置にあるのかを考察せよ．

部門 F

電気回路

§1 はじめに–電気回路の基礎を理解しよう–

　電気の一般家庭への普及は，アメリカでのエジソンによる炭素フィラメントの白熱電球の完成をみた 1870 年代に始まった．その後，急速に普及が進み，現在ではどの家庭でも安定した電気の供給を受けられるようになった．そのおかげで，今日では電気製品は非常に広範囲に普及しており，私たちが生活で用いている物も，電気製品であふれている．それらは非常に単純な物から，パーソナル・コンピュータのような複雑な物まで多種多様であり，その中に組み込まれている電気回路 (たとえば図 1) のはたらきによって動作が制御されている．したがって，電気回路の基礎原理の理解なしにそれらの動作を理解することはできない．

図 1　電気回路の例.

　電気回路では，回路のある点での電位の時間的な変化，あるいはある点を流れる電流を電気信号として取り扱う．電気信号 (あるいは現実の世界にあるすべての信号) は，いろいろな周波数と位相をもった正弦波の重ね合わせによって表現することができる．このため，任意の電気信号は正弦波の周波数，位相，振幅の三つのパラメータによって決定されることとなる．

　実際の電気回路は，さまざまなはたらきをもついくつかの基本的な電気回路を組み合わせて作られている．基本的な電気回路には，たとえば，電気信号の中から特定の振動数成分のみを取り出すフィルターや，ある電気信号の振幅を大きくする増幅器などがある．ここでは，その中からフィルター回路をとりあげる．フィルターは，そのはたらきの違いによっていくつかの種類に分

類することができる．たとえば，電気信号の中である周波数以上の周波数成分だけを取り出す高周波通過用フィルター，ある周波数以下の周波数成分だけを取り出す低周波通過用フィルター (図2参照)，異なる二つの周波数の間の周波数成分だけを取り出す帯域フィルターなどがある．

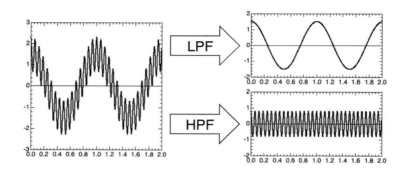

図2　高周波通過用フィルター (HPF) と低周波通過用フィルター (LPF) のはたらき．

§2　目的

　この実験では，抵抗とコンデンサを用いて，もっとも基本的なフィルターである低周波通過用フィルターと高周波通過用フィルター，及びそれらを組み合わせた帯域フィルターの一種である Twin–Tee フィルターを作成する．各フィルター回路の周波数特性の測定を通してフィルター回路の基本原理を理解する．

§3　理論

§3.1　低周波通過用フィルター (low-pass filter)

　低周波通過用フィルターとは，図3左の破線で囲まれた抵抗とコンデンサの直列回路で構成される電気回路である．　交流に対する抵抗をインピーダンスと呼び，抵抗およびコンデンサのインピーダンスの大きさをそれぞれ Z_R，Z_C とすると，交流の周波数 f との関係は図4のようになる．抵抗の場合，インピーダンスは f にかかわらずほぼ一定値 ($Z_\mathrm{R} = R$) となるのに対し，コンデンサのインピーダンスは，容量を C とすると $Z_\mathrm{C} = (2\pi f C)^{-1}$ と表され，周波数の増加と共に減少する．したがって，このフィルター回路に発振器から交流電圧を入力した場合，低周波側ではコンデンサのインピーダンスが抵抗のインピーダンスよりも十分に大きい ($Z_\mathrm{C} \gg Z_\mathrm{R}$) た

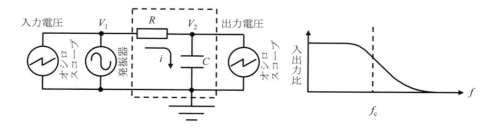

図3　低周波通過用フィルターとその周波数特性．

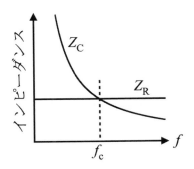

図 4　抵抗 (R) とコンデンサ (C) に対するインピーダンスの大きさ Z_R, Z_C の周波数依存性.

め，出力電圧 (コンデンサの両端子間にかかる交流電圧) は，ほぼ入力電圧と等しくなる．入力電圧の周波数を増加させていくとコンデンサのインピーダンスは減少し，出力電圧も減少する．十分高い周波数領域では，$Z_\mathrm{C} \ll Z_\mathrm{R}$ となり，出力電圧はほぼ 0 になる．

　低周波通過用フィルターからの出力電圧が，周波数と共にどの様に変化するかを定量的に考えよう．図 3 左の回路で各点の電位を V_1, V_2，回路に流れる電流を i，コンデンサに蓄えられる電荷を Q とすると，次の 2 つの式が成立する．

$$V_1 - V_2 = iR \tag{F.1}$$

$$Q = CV_2 \tag{F.2}$$

ただし，オシロスコープには電流が流れないとした．コンデンサを流れる電流はその中に蓄えられている電荷の時間変化に等しいから (F.2) 式より

$$i = \frac{dQ}{dt} = C\frac{dV_2}{dt} \tag{F.3}$$

が得られ，(F.1) 式と (F.3) 式から

$$V_1 - V_2 = CR\frac{dV_2}{dt} \tag{F.4}$$

となる．入力電圧を $V_1 = V_{10}\sin\omega t$，出力電圧を $V_2 = V_{20}\sin(\omega t + \alpha)$ (V_1 と V_2 の位相のズレを α とする) として (F.4) 式に代入すると

$$
\begin{aligned}
V_{10}\sin\omega t &= V_{20}\sin(\omega t + \alpha) + V_{20}\omega CR\cos(\omega t + \alpha) \\
&= V_{20}\sqrt{1 + \omega^2 C^2 R^2}\sin(\omega t + \alpha')
\end{aligned} \tag{F.5}
$$

が得られる．ここで，$\alpha' = \tan^{-1}\omega CR + \alpha$ である．(F.5) 式の両辺の比較から $\alpha' = 0$ となることがわかり α が求まる．出力振幅 V_{20} と入力振幅 V_{10} の比 (入出力比) を A とすると，その周波数依存性を示す特性曲線の関数形は

$$A = \frac{V_{20}}{V_{10}} = \frac{1}{\sqrt{1 + \omega^2 C^2 R^2}} \tag{F.6}$$

で与えられる．ここで，周波数を f とすると $\omega = 2\pi f$ である．横軸に周波数，縦軸に A をとって (F.6) 式をグラフに描くと，図 3 の右図が得られる．入出力比が最大値の $1/\sqrt{2}$ になるときの

f を遮断周波数 (cut-off frequency) と定義し，これを f_c とかくと

$$f_c = (2\pi CR)^{-1} \qquad (F.7)$$

で与えられる．

§3.2　高周波通過用フィルター (high-pass filter)

　図5左の破線で囲まれた回路は抵抗とコンデンサの配置が図3左と逆になっている．このため，発振器から低周波の交流電圧を入力した場合，$Z_C \gg Z_R$ により出力電圧 (抵抗の両端子間にかかる交流電圧) は小さく，入力電圧の周波数の増加とともに出力電圧が増大していく (図5右)．この回路を高周波通過用フィルターとよぶ．

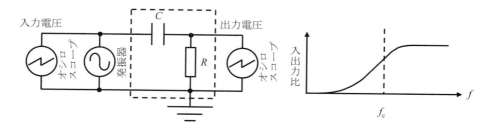

図5　高周波通過用フィルターとその周波数特性．

　低周波通過用フィルターの計算方法 ((F.1)–(F.6) 式) に従うと，高周波通過用フィルターの周波数依存性をあらわす特性曲線の関数形は，

$$A = \frac{\omega CR}{\sqrt{1 + \omega^2 C^2 R^2}} \qquad (F.8)$$

となる．

§3.3　Twin–Tee (並列 T, T–T) フィルター

　低周波通過用フィルターと高周波通過用フィルターを並列に組合せて，さらに抵抗とコンデンサを加えた図6のような回路を，Twin–Tee (並列 T) フィルターとよぶ．この回路で，周波数

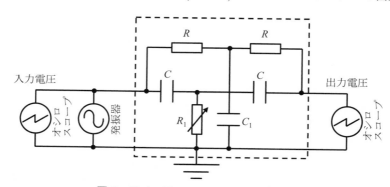

図6　Twin–Tee フィルターの回路図．

がゼロのときはコンデンサのインピーダンスは無限大なので，コンデンサに電流は流れず存在を

無視した回路を考えればよい．すると，出力電圧は入力電圧と同じになることが推定できる．それに対して，十分に高い周波数ではコンデンサのインピーダンスがほぼゼロで導通状態であると考える事ができ，やはり出力電圧は入力電圧と同じになることが推定できる．一方，$C_1 = 2C$，$R_1 = R/2$ としたとき，それらの中間のある周波数で出力側の電圧が 0 となる状態を作り出す事ができる．その周波数を遮断周波数 f_c と呼び，

$$f_\mathrm{c} = (2\pi CR)^{-1} \tag{F.9}$$

で与えられる．このとき，出力側に電流が流れないという近似のもとで，入出力比は次式で与えられる．

$$A = \frac{V_{20}}{V_{10}} = \frac{|1 - \omega^2 C^2 R^2|}{\sqrt{(1 - \omega^2 C^2 R^2)^2 + 16\omega^2 C^2 R^2}} \tag{F.10}$$

　Twin–Tee フィルターを挿入することにより，商用 60 Hz によるハムノイズなど特定の周波数の電気信号を除くことができる．Twin–Tee フィルターの周波数特性は用いる抵抗，コンデンサの容量に敏感である．図 7 に図 6 の可変抵抗 R_1 の値を変化させたときの f_c と f_c における入出力比の値を示す．ただしこのとき $R = 30$ kΩ，$C = 0.001$ μF，$C_1 = 0.002$ μF として計算した．例えばこの図から，$R_1 = R/2 (= 15.0$ kΩ) のときには，周波数 $f_\mathrm{c} = 5.3$ kHz で出力信号がゼロとなり，最もフィルター特性がよいことがわかる．

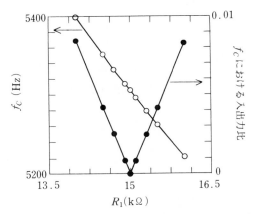

図 7 可変抵抗 R_1 を変化させたときに，f_c および f_c における入出力比がどのように変化するかを示す図．仮に $R = 30$ kΩ，$C = 0.001$ μF，$C_1 = 0.002$ μF としたときには，$R_1 = R/2 (= 15.0$ kΩ) で，ほぼ $f_\mathrm{c} = 5.3$ kHz が得られる事を示す．

§4　実験器具

　本実験で使用する器具もしくは素材は次の通りである．

- オシロスコープ
- 発振器
- フィルター回路用ブレッドボード
- 固定抵抗，可変抵抗，コンデンサ，リード線

また抵抗値の測定にはテスターを，コンデンサの容量の測定にはデジタルマルチメータを使用する．

§5   実験の準備

ここでは実際に行う実験の手順の一例を記すので，おおむねこの線にそって課題を遂行すること．

§5.1   実験全般に対する注意

オシロスコープ，発振器，デジタルマルチメータなどの操作方法がわからない場合は，あらかじめ備え付けの使用説明書をよく読んでから実験にとりかかること．全ての機器は，使用後必ず電源をオフにすること．不足している部品，劣化している部品は常備しているので，申し出て取り替える．

§5.2   ブレッドボードの使い方と回路作成上の注意

ブレッドボードは，図8に示すように回路部品やリード線を差し込むための穴が空けられた基板であり，自由に電子回路を組むことができるようになっている．ボードの主要部には，横並びの穴 6 個がひとつの組をなし，この並びが規則的に多数配列されている．ひとつの組の中で穴同士は互いに導通しており，他の組とは絶縁されている．図8では低周波通過用フィルター回路の配線の例を示しており，抵抗とコンデンサを直列に接続するためには，それぞれの部品について，片方の電極は同じ組の穴に，もう一方は互いに異なる組の穴に差し込めばよい．リード線を用いて，ブレッドボードに備え付けられた端子板に回路を接続する．端子板は発振器やオシロスコープとの接続に用いる．

回路を組むときは，むやみにリード線の数を増やさず，なるべく単純な回路になるように心がけること．リード線どうしは，できるだけ交差しないように注意すること．混乱を避けるために，図8の例のように，信号端子に接続する信号線は入力側と出力側で色を変える．そしてアース端子 (GND) に接続するアース線は黒い線で統一すること．

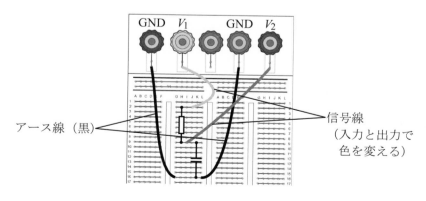

図 8   ブレッドボードによる配線の例．

§5.3 各装置間の接続上の注意

オシロスコープ・発振器・フィルター回路間の接続は，各装置に備え付けられた入出力端子に赤または黒のリード線を指し込むことによって行う．ここでも混乱を避けるためにリード線を色分けして使用する．図3の低周波通過用フィルター回路図を例にとると，上側の入力・出力信号線には赤い線を用いて各装置の信号端子に，下側のアース線には黒い線を用いて各装置のアース端子に接続すること．

§5.4 オシロスコープと発振器のチェック

発振器とオシロスコープ (図9) の使用法については，K–4「オシロスコープの取り扱い」を参照し，必要に応じて備え付けの使用説明書も参照すること．

1. 発振器およびオシロスコープの電源スイッチを入れる．

2. リード線を用いて，発振器の出力をオシロスコープの入力 (CH1 または CH2) に接続し，K–4 §4.2「オシロスコープと発振器の接続」の説明に従って，発振器から出力された正弦波をオシロスコープ画面上に表示できるようにする．

3. 周波数を 5 kHz にし，TIME/DIV のレンジを 50 μs にセットする．このとき，正弦波の周期が $T = 1/f = 200\,\mu$s になっていることを確かめる．正弦波の山と山の間隔がオシロスコープの横軸上で，ちょうど 4 DIV だけ離れている．1 DIV とはオシロスコープの液晶ディスプレイ上に見える 1 マス目分である．

図 9 オシロスコープと発振器 (オシレータ)．

§6 測定

§6.1 測定1 (低周波通過用フィルターと高周波通過用フィルター)

(1) オシロスコープ・発振器の動作確認

§5.4 にしたがって，発振器から出力した正弦波が，オシロスコープ画面上で正しく表示できているか確認する．

(2) 抵抗値・コンデンサ容量の測定

1. 各班に用意された固定抵抗 ($R =$ 約 30 kΩ) とコンデンサ ($C =$ 約 0.001 μF) について，抵抗値をテスターで，コンデンサ容量をデジタルマルチメータで測定する．測定値は後の解析に必要であるから，きちんと実験ノートに記録しておく．固定抵抗に描かれたカラーコードから抵抗値が，コンデンサに表記された数字から容量がわかるようになっている．

読み方は §9 に示している.

2. 実測した抵抗値とコンデンサ容量の値を用いて, (F.7) 式で定義される遮断周波数 f_c を計算しておく. f_c の計算値は測定の際の目安となる. また後にデータから求めた f_c との比較に用いる.

(3)　低周波通過用フィルター回路の作成

図 3 の左図に示した低周波通過用フィルターを, §5.2 をよく読んでブレッドボード (図 8) 上に作成する. つぎに §5.3 の注意事項をよく読んでフィルターを発振器・オシロスコープに接続する.

(4)　回路の動作確認

以下の手順に従って, オシロスコープで波形を見ながら, 発振器の調整と低周波通過用フィルターの動作確認を行う.

1. 発振器の Amplitude (A) の値を 6–10 Vp-p, Offset (O) の値を 0 V とし, 発振周波数を 100 Hz くらいにする.

2. オシロスコープの結合の設定を, CH1, CH2 共に DC 結合にする. AC 結合に設定すると低周波領域で信号が減衰してしまうため, 間違えないよう注意すること. 結合は CHANNEL 設定スイッチを押して各チャンネルの設定画面を表示させ, 詳細設定ボタンにより切り換える.

3. オシロスコープのトリガーのソースを入力波形側のチャンネルに設定し, VOLTS/DIV の値を 1 V にして入力波形を表示させる. 入力波形がオシロスコープの画面からはみ出していれば, 発振器の A を調整して, 画面内に収まるようにする. このとき, 入力波形の上限 (山) と下限 (谷) がオシロスコープのマス目と接するように, 発振器の A を微調してきっちり合わせておくとよい.

4. 出力波形を表示させ, 出力電圧が入力電圧とほぼ等しくなっていることを確認する.

5. 出力波形を見ながら発振器の発振周波数を 100 Hz 付近から 1 MHz 付近まで連続的に変化させてみる. 図 3 の右図のように, 低周波領域では出力電圧は入力電圧とほぼ等しく, 高い周波数領域では周波数の増加とともに出力電圧が減少するのが確認できればよい.

(5)　低周波通過用フィルターの周波数特性の測定

1. まず大まかに周波数特性の形を見るために, 発振器の発振周波数を 10, 100, 1000, $\cdots$, 10^6 Hz と 1 桁ずつ変化させながら, オシロスコープで入力波形と出力波形それぞれについて最大電圧と最小電圧の差 (peak-to-peak 電圧; 振幅 V_{10} および V_{20} の 2 倍に等しい) を読み取る. 上述したように, 入力波形をマス目に接するように調整しておけば読み取りが楽になる. 発振器の出力電圧, つまり回路への入力電圧は周波数に依存し, 特に高い周波数領域で少し小さくなるので注意すること. 周波数を変化させるたびに入力波形を確認すること. マス目から外れていれば, 入力電圧をきっちり読み取るか, マス目と接するように再度発振器の A を調整すればよい.

2. 周波数ごとに出力振幅と入力振幅の比 V_{20}/V_{10}, すなわち入出力比を計算して, 入出力比を縦軸, 周波数を横軸にとって片対数グラフにプロットする. グラフへのプロットは測定と同時進行で行う事.

3. グラフを眺め，入出力比が大きく変化している領域について，間の周波数を細かく測定し，グラフを完成させる．測定点を増やす際，たとえば 100 Hz と 1000 Hz の間を細かく測定したい場合は，対数目盛でほぼ等間隔になるように，200，300，500，700 Hz のように周波数をえらぶとよい．

(6) 高周波通過用フィルターの周波数特性の測定

図 8 の抵抗とコンデンサを入れ替えれば，図 5 の左図に示した高周波通過用フィルターが完成する，これを用いて，低周波通過用フィルターと同じ要領で測定を行い，入出力比と周波数の関係を片対数グラフにプロットする．(F.8) 式，すなわち図 5 の右図のような周波数特性が得られるか確かめる．

(7) 周波数混合波の波形解析

2 種類の周波数成分を含む混合波を，作成したフィルターを通して観察してみよう．

発振器の波形選択キー [FUNCTION] を押して波形表示部にカーソルを移動し，モディファイダイヤルを回して任意波形 1 <ARB1> を選択し，発振周波数を 500Hz に設定する．まず高周波通過用フィルター通過後の出力波形をオシロスコープで観察し，入力波形と比較してみよう．フィルターのはたらきにより，出力波形が単一の正弦波に見えていれば周波数と振幅を読み取る．

つぎに抵抗とコンデンサーを入れ替えて低周波通過用フィルターに変更する．同様に出力波形を観察し，正弦波に見えていれば周波数と振幅を読み取る．

§6.2 測定 2 (Twin–Tee フィルター)

(1) 抵抗値・コンデンサ容量の測定

使用する 2 個の固定抵抗 ($R =$ 約 30 kΩ) の抵抗値と，3 個のコンデンサ ($C =$ 約 0.001 μF，$C_1 =$ 約 0.0022 μF) の容量を測定し，実験ノートに記録する．

(2) Twin–Tee フィルター回路の作成

図 6 の回路をブレッドボード上に作成する．可変抵抗はプラスチック板に固定されている．この板をブレッドボードの縁に指し込んで使用する．§5.2 で述べたようにリード線を色分けして使用すること．フィルターと発振器・オシロスコープとの接続や，発振器の出力電圧の設定は，測定 1 (§6.1) の状態のままでよい．

(3) 入出力比が最小となる可変抵抗の値 R_1^{min} の決定

1. Twin–Tee フィルターが正常に動作しているか確認するために，R_1 の値を約 15 $k\Omega$ にして，オシロスコープで出力波形を見ながら入力周波数をおおまかに変化させ，出力が最小となるときの周波数すなわち f_c が 5 kHz 付近に現れることを確かめる．R_1 を測定するときには，可変抵抗をフィルター回路から切り離すこと．

2. 図 7 の入出力比のグラフをイメージして，出力波形を見ながら周波数と可変抵抗の両方を少しずつ変化させ，入出力比が最も小さくなるところを探す．入出力比 1/1000 以下になるまで調整してみよう．

3. 入出力比が最小となる条件が決まったら，そのときの周波数 (= f_c) と R_1 (= R_1^{min}) の値を記録する．

(4)   Twin–Tee フィルターの周波数特性の測定

可変抵抗の値を $R_1^{\min}$ に固定し，§6.1 と同じ要領で周波数を変化させ，入出力比と周波数の関係を片対数グラフにプロットしながら測定する．特に f_c 周辺は変化が激しいので，測定点を多くすること．

§7   課題：Basic

問1   低周波通過用フィルターおよび高周波通過用フィルターそれぞれについて，周波数特性のグラフから f_c の値を求めてみよう．低周波通過用フィルターにおいて，低周波領域の入出力比の実験値は，(F.6) 式のように最大値が 1 とはならず，少し小さな値を示す．この値を A_0 とし，$\omega = 2\pi f$，および (F.7) 式の関係を用いて (F.6) 式を次のように変更する．

$$A_{\mathrm{exp}} = \frac{A_0}{\sqrt{1 + (f/f_c)^2}}$$

ここで，実験データを最も再現する A_0, f_c の値をグラフから求め，上式の曲線をグラフ上に示せ．

高周波通過用フィルターについても同様に，(F.8) 式を

$$A_{\mathrm{exp}} = \frac{A_0}{\sqrt{1 + (f/f_c)^{-2}}}$$

と変更し，A_0, f_c の値をグラフから求めて曲線をグラフ上に示せ．

問2   低周波通過用フィルターと高周波通過用フィルターのグラフから求めた f_c の値を，(F.7) 式による計算値と比較せよ．

問3   測定 2 で求めた，Twin–Tee フィルターの入出力比が最小となる条件での f_c の値を，(F.9) 式による計算値と比較せよ．

問4   周波数混合波の解析結果から，混合波中の各成分の周波数と成分比 (振幅の比) を求めよ．

§8   課題：Advanecd

問5   Twin–Tee フィルターの周波数特性の実験データについて，問 1 と同様入出力比の最大値を A_0 として (F.10) 式を変形し，

$$A_{\mathrm{exp}} = \frac{A_0}{\sqrt{1 + 16\,(f/f_c)^2 / \left\{1 - (f/f_c)^2\right\}^2}}$$

と表したとき，A_0, f_c の値をグラフから求め，曲線をグラフ上に示せ．グラフから求めた f_c の値は測定 2 で求めた値と一致しているか確かめよ．

問6   オシロスコープの入力 − アース間には約 $1\,\mathrm{M\,\Omega}$ の抵抗成分と約 $15\,\mathrm{pF}$ のコンデンサの成分が互いに並列に入っており，フィルター回路に接続した場合その特性に影響を及ぼすことになる．オシロスコープとの接続が入出力比 (最大値 A_0 が 1 よりやや小さくなる) や f_c の実験値 (計算値からずれる原因となり得る) に与える影響について考察せよ．

§9 参考

§9.1 固定抵抗

この実験で用いる固定抵抗は塗装絶縁型 (P 型) といわれるもので中にはカーボン皮膜抵抗が入っている．この抵抗は磁器下地の上にカーボンが蒸着されている．抵抗の値および誤差は表面に描かれたカラーコードによって知ることができる．抵抗は消費電力によってその大きさが異なり，この実験では 1/8 W のものを用いている．抵抗の種類はたくさんあり，用途により高周波用，高精度用，高電力用など使いわけることが必要である．

表1 抵抗のカラーコード表

色	第1色 第1位数字	第2色 第2位数字	第3色 乗数	第4色 許容差
黒	0	0	10^0	−
茶	1	1	10^1	±1%
赤	2	2	10^2	±2%
橙	3	3	10^3	
黄	4	4	10^4	
緑	5	5	10^5	
青	6	6	10^6	
紫	7	7	10^7	
灰	8	8	10^8	
白	9	9	10^9	
金	−	−	10^{-1}	±5%
銀	−	−	10^{-2}	±10%
無着色	−	−	−	±20%

第1色 第2色 第3色 第4色

抵抗のカラーコードから，たとえば，第1色が赤，第2色が青，第3色が橙，第4色が金のときは抵抗値 26 kΩ で許容差が ±5% であることがわかる．第5色まで表示されている抵抗もある．その場合第1色から第3色までが，3桁の精度で抵抗値を示している．

§9.2 コンデンサ

コンデンサにも多くの種類があり用途によって使いわける必要がある．この実験では最も一般的に用いられるポリエステルフィルムコンデンサを使用している．このタイプのものは比較的容

量の精度が高く，価格も安いので高周波での使用以外ではよく使用される．静電容量の許容差が10%程度はあるため，必ず静電容量計で容量をチェックする必要がある．ポリエステルフィルムコンデンサ以外にも紙コンデンサ，プラスチックフィルムコンデンサ，マイカコンデンサ，磁気コンデンサなどがあり，それぞれ用途により使いわける．その選択にあたっては静電容量の大きさ，耐圧を考えなければならない．

　コンデンサの表面にある「102」や「222」などの表記は，コンデンサの容量を示している．それぞれ，10×10^2 pF $= 1$ nF $= 0.001\ \mu$F，22×10^2 pF $= 2.2$ nF $= 0.0022\ \mu$F という意味である．なお，p（ピコ），n（ナノ），μ（マイクロ）は 10^{-12}，10^{-9}，10^{-6} を意味する．

付録-1

誤差に関連する諸概念

1. 確率密度分布

　図 1 は K–1 章 §9.4(2) で説明した測定値のばらつきを視覚的に表わす度数分布図である．測定の回数が少ないと一般にこのような度数分布図となるが，測定回数と区間の数を増し，同時に区間の幅を狭めていくとグラフは次第になめらかになり，究極的には 1 つの曲線に落着く (図 2)．このグラフで，(斜線を引いた部分の面積)/(全面積) は観測値が $x + \mathrm{d}x$ の範囲内に入る確率を示す．また曲線の全面積 (積分値) が 1 になるように全体を規格化したものを**確率密度分布 (確率密度関数)** とよび，斜線の部分の面積が直接確率をあたえる．物理量を測定する場合には，この**確率密度分布の平均値 m を物理量の真の値に最も近い値 (最確値)** と考える．

　物理量 x に関する測定における，確率密度分布を $p(x)$ と書くと，その平均値 m は次のように表される．

$$m = \int_{-\infty}^{\infty} xp(x)dx \qquad \int_{-\infty}^{\infty} p(x)dx = 1 \qquad \text{(付録-1.1)}$$

確率密度分布でもう一つ大事な量は，確率密度分布の広がり σ(標準偏差) である．標準偏差 σ は次式で表される (s^2 は分散)．

$$\sigma = \sqrt{s^2} \qquad s^2 = \int_{-\infty}^{\infty} (x-m)^2 p(x)dx \qquad \text{(付録-1.2)}$$

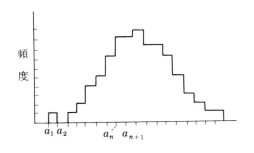

図 1

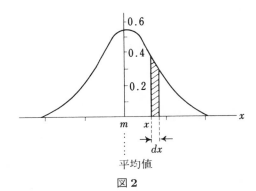

図 2

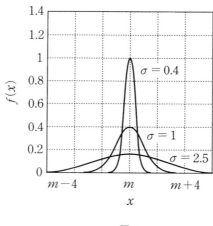

図 3

2.　正規分布 (Gauss 分布)

　観測量の誤差を正確に議論するには，観測量の確率密度分布がどのようなものか知る必要があるが，理論的に分布が予想できる場合を除き，確率密度分布を事前に知る方法はない．しかし実際の誤差の議論では，確率密度分布として**正規分布 (Gauss 分布)** を仮定するのが一般的である．これは，測定の誤差が多数の要因によるばらつきの足し合わせに起因している場合，要因の数が多ければ多いほど足し合わせたのちのばらつきがこの正規分布に近づく傾向があるためである (中心極限定理)．測定値が x と $x + \mathrm{d}x$ の間にある確率を $f(x)\mathrm{d}x$ とすると，正規分布は次式で表される．

$$f(x) = \frac{1}{\sqrt{2\pi}\sigma}\exp\left\{-\frac{(x-m)^2}{2\sigma^2}\right\} \tag{付録-1.3}$$

標準偏差 σ が小さければこの曲線は細い尖った形となり，σ が大きければ幅広く低い形となり，平均値 m のまわりの「チラバリ」の大きさに対応する (図 3)．この分布を $m - \sigma$ から $m + \sigma$ まで積分すれば $0.6826\cdots$ となり，これは 1 回の観測値が平均値 $m \pm \sigma$ の範囲内に入る確率が約 68.26% になることを意味している．参考までに平均値の両側に種々の範囲をとったとき，その間に入る確率を下表に示す．

$m \pm 0.6745\sigma$	$m \pm \sigma$	$m \pm 1.96\sigma$	$m \pm 2\sigma$	$m \pm 2.5758\sigma$	$m \pm 3\sigma$	$m \pm 3.2905\sigma$
50.00%	68.26%	95.00%	95.46%	99.00%	99.73%	99.90%

3.　誤差伝播法則

　ここでは，K–1 章 §9.4(5) で説明した誤差伝播法則についてもう少し詳しく解説する．

　2 つの物理量 x と y を測定し，それを元に目的の物理量 z を得る場合を考る．目的の物理量と測定した物理量の関係は $z = f(x, y)$ という関数で表せるとする．x と y の測定は，それぞれ M 回と N 回独立に行うものとし，i 回目の x の測定値を x_i，j 回目の y の測定値を y_j とする．この場合，x の 1 つの測定値 x_i と y の 1 つの測定値 y_j から 1 つの z の値 z_{ij} が得られるので，全部で MN 通りの z の値を得ることができる．以下では，この MN 通りの z の値から，平均値 m_z

と標準偏差 σ_z を計算してみる.

　まず，式 (K–1.1) と (K–1.2) を参考にすると，z の平均値 m_z は次の式で得られる.

$$m_z = \lim_{M,N \to \infty} \frac{\sum_i \sum_j z_{ij}}{MN} = \lim_{M,N \to \infty} \frac{\sum_i \sum_j f(x_i, y_j)}{MN}$$

ここでは導出はしないが，x と y の測定誤差が小さく，$x_i \simeq m_x, y_j \simeq m_y$ の場合には次の近似
式が得られる.

$$m_z \simeq f(m_x, m_y) \tag{付録-1.4}$$

この結果は，まず測定データから x と y の平均値 m_x と m_y(実際にはその推定値) を求め，それ
を関数 $f(x, y)$ に代入すれば z の平均値 m_z が近似的に求まることを示しており，目的の物理量
を間接的に求める方法が妥当である根拠となる. x と y の測定のばらつきが小さければ，近似の
精度はよいと考えられる.

　次に，式 (K–1.3) を参考にすると，物理量 z の標準偏差 σ_z は次の式で得られる.

$$\sigma_z = \lim_{M,N \to \infty} \sqrt{\frac{\sum_i \sum_j (z_{ij} - m_z)^2}{MN}} = \lim_{M,N \to \infty} \sqrt{\frac{\sum_i \sum_j (f(x_i, y_j) - m_z)^2}{MN}}$$

これに式 (付録-1.4) を代入し，変形すると次のようになる.

$$\sigma_z \simeq \lim_{M,N \to \infty} \sqrt{\frac{\sum_i \sum_j (f(x_i, y_j) - f(m_x, m_y))^2}{MN}}$$

$$= \lim_{M,N \to \infty} \sqrt{\frac{\sum_i \sum_j \left(\frac{f(x_i, y_j) - f(m_x, y_j)}{x_i - m_x}(x_i - m_x) + \frac{f(m_x, y_j) - f(m_x, m_y)}{y_j - m_y}(y_j - m_y) \right)^2}{MN}}$$

得られた式は，$x_i \simeq m_x, y_j \simeq m_y$ の場合には，近似的に関数 $f(x, y)$ の x あるいは y による微分
を用いて次のように表すことができる[1].

$$\sigma_z \simeq \lim_{M,N \to \infty} \sqrt{\frac{\sum_i \sum_j \left(\frac{\partial f}{\partial x}(x_i - m_x) + \frac{\partial f}{\partial y}(y_j - m_y) \right)^2}{MN}}$$

ここで，見慣れない微分記号 $\frac{\partial f}{\partial x}$ と $\frac{\partial f}{\partial y}$ が出てくるが，これは偏微分と呼ばれる微分を示す. 平
方根の中の二乗を展開し整理すると，平方根の中は次のようになる.

$$\frac{\sum_i \left(\frac{\partial f}{\partial x}(x_i - m_x) \right)^2}{M} + \frac{\sum_j \left(\frac{\partial f}{\partial y}(y_j - m_y) \right)^2}{N} + 2\frac{\partial f}{\partial x}\frac{\partial f}{\partial y} \left(\frac{\sum_i x_i}{M} - m_x \right) \left(\frac{\sum_j y_j}{N} - m_y \right)$$

よく見ると，上式の第 1 項と第 2 項は x と y の標準偏差に関係する式になっている. また，第 3
項は平均値 m_x と m_y の定義から $M, N \to \infty$ の極限では零となる. したがって，次の関係式が

---

[1] 高校で習った微分の定義を思い出せば，近似的に微分で書き直すのが妥当であるのが理解できるであろう. Taylor
展開 $f(x + \Delta) = f(x) + f'(x)\Delta + \frac{1}{2!}f''(x)\Delta^2 + \cdots$ を習っていれば，Δ の 2 次以上の項を無視する近似を
行っていることが理解できるであろう.

得られる.

$$\sigma_z \simeq \sqrt{\left(\frac{\partial f}{\partial x}\sigma_x\right)^2 + \left(\frac{\partial f}{\partial y}\sigma_y\right)^2}$$

この結果が，物理量2つを直接測定し，その結果から目的の物理量を間接的に導く場合の誤差伝播法則の例である．一般の測定は，ここで考えたような2種類の独立な複数回の測定値から目的の物理量を導き出す場合ばかりとは限らないが，直接測定する量の標準偏差 σ_x および σ_y と間接的に求まる物理量の標準偏差 σ_z の関係は，2つの直接測定が互いに独立と考えられる場合には，一般に上式のようになる．なお，直接測定の物理量が3つ以上の一般の場合の誤差伝播法則については，その結果を式 (K–1.7) で既に示した．

付録-2

有限振れ角の振子の周期

　振子の振れの角 θ が大きくなるにつれて $\sin\theta \cong \theta$ と近似することができなくなり，式 (A.1) の線形性が破れてくる．ここでは，振子の周期を測定して求められる重力加速度 g の測定精度と最大振れ角の関係を調べてみる．

　(A.1) 式の運動方程式を $\sin\theta \cong \theta$ と近似しないで解くことにする．(A.1) 式を次のように書く．

$$\frac{d^2\theta}{dt^2} = -\omega^2 \sin\theta$$

ただし，$\omega^2 = \dfrac{Mgh}{I}$ である．両辺に $2\dfrac{d\theta}{dt}$ をかけてから積分をすると

$$2\frac{d^2\theta}{dt^2}\cdot\frac{d\theta}{dt} = -2\omega^2 \sin\theta\frac{d\theta}{dt}$$

$$\left(\frac{d\theta}{dt}\right)^2 = 2\omega^2\cos\theta + C$$

C は積分定数である．最大の振れの角を θ_0 とすると，$\theta=\theta_0$ のとき $\dfrac{d\theta}{dt}=0$ であるから C を決めることができて

$$\left(\frac{d\theta}{dt}\right)^2 = 2\omega^2\left(\cos\theta - \cos\theta_0\right) = 4\omega^2\left(\sin^2\frac{\theta_0}{2} - \sin^2\frac{\theta}{2}\right)$$

これを変形して

$$\omega\,dt = \frac{d\left(\frac{\theta}{2}\right)}{\sqrt{\sin^2\frac{\theta_0}{2} - \sin^2\frac{\theta}{2}}}$$

となる．したがって，

$$\omega t = \int_0^\theta \frac{d\left(\frac{\theta}{2}\right)}{\sqrt{\sin^2\frac{\theta_0}{2} - \sin^2\frac{\theta}{2}}}$$

右辺は第一種の楕円積分とよばれるものである．積分変数 θ を次のように ξ に変換する．

$$\sin\frac{\theta}{2} \left/ \sin\frac{\theta_0}{2}\right. = \sin\xi$$

すると

$$d\left(\frac{\theta}{2}\right) = \frac{\sin\frac{\theta_0}{2}}{\cos\frac{\theta}{2}}\cos\xi\,d\xi$$

$$\sin^2 \frac{\theta_0}{2} - \sin^2 \frac{\theta}{2} = \sin^2 \frac{\theta_0}{2} \cos^2 \xi$$

であるから

$$\frac{d\left(\frac{\theta}{2}\right)}{\sqrt{\sin^2 \frac{\theta_0}{2} - \sin^2 \frac{\theta}{2}}} = \frac{d\xi}{\cos \frac{\theta}{2}} = \frac{d\xi}{\sqrt{1 - \sin^2 \frac{\theta_0}{2} \sin^2 \xi}}$$

ここで $k = \sin \frac{\theta_0}{2}$ とおくと

$$\omega t = \int_0^\xi \frac{d\xi}{\sqrt{1 - k^2 \sin^2 \xi}}$$

振子の周期 T は $\theta = \theta_0$ のとき $t = T/4$ であることから求められる．このとき $\xi = \pi/2$ であるから

$$\omega \frac{T}{4} = \int_0^{\pi/2} \frac{d\xi}{\sqrt{1 - k^2 \sin^2 \xi}}$$

右辺は第一種の完全楕円積分とよばれるものである．これを K とおくと

$$T = \frac{4}{\omega} K$$

$$K = \int_0^{\pi/2} \frac{d\xi}{\sqrt{1 - k^2 \sin^2 \xi}}$$

$$k = \sin \frac{\theta_0}{2}$$

いま，k^2 が小さいとき被積分関数を k^2 について級数展開を行って，各項ごとに積分を実行すれば (各自確かめてみよ)

$$K = \frac{\pi}{2} \left(1 + \frac{1}{4} k^2 + \frac{9}{64} k^4 + \cdots \right)$$

となる．したがって，

$$T = \frac{2\pi}{\omega} \left(1 + \frac{1}{4} \sin^2 \frac{\theta_0}{2} + \frac{9}{64} \sin^4 \frac{\theta_0}{2} + \cdots \right)$$

ここで θ_0 の 2 次の項まで考えると

$$T \cong T_0 \left(1 + \frac{1}{16} \theta_0^2 \right)$$

ただし $T_0 = \frac{2\pi}{\omega} = 2\pi \sqrt{\frac{I}{Mgh}}$

　したがって，(A.8) 式で求めた重力加速度を $g_{(8)}$ と表すと，

$$g \cong g_{(8)} \left(1 - \frac{\theta_0^2}{8} \right) \tag{付録-2.1}$$

となり，振れの角 θ_0 が充分に小さくないときには $\frac{\theta_0^2}{8}$ 程度の補正が必要となる．

付録-3

ローレンツモデルによる屈折率分散の説明

比誘電率が ϵ で，透明かつ等方的な物質を考える．マクスウェルの方程式から電場ベクトルの z 成分 E に関して次のように波動方程式が得られる．

$$\frac{\partial^2 E}{\partial x^2} = \mu_0 \epsilon_0 \epsilon \frac{\partial^2 E}{\partial t^2} \qquad \text{(付録-3.1)}$$

簡単のため，x 方向に進行し z 方向に偏光した波を考えている．平面波解 $E = E_0 \sin(kx - \omega t)$ を仮定すると，

$$\omega^2 = \frac{1}{\mu_0 \epsilon_0 \epsilon} k^2 = \frac{c^2}{n^2} k^2 \qquad \text{(付録-3.2)}$$

が得られる．ここで，$c = 1/\sqrt{\mu_0 \epsilon_0}$ は真空中の光速で，$n \equiv \sqrt{\epsilon}$ は物質の屈折率である．角振動数 ω の光が真空（屈折率 1）から屈折率 n の物質へ入射する場合を考えると，上の式の左辺 ω^2 は共通であるから，波数と波長の関係式 $k = 2\pi/\lambda$ を用いると，物質中での光の波長 λ は，真空中の波長 λ_0 の n 分の 1（$\lambda = \lambda_0/n$）になって伝播することがわかる．

比誘電率 ϵ の定義は，電束密度 $D = \epsilon \epsilon_0 E = \epsilon_0 E + P$ の中にある．そこで電場 E によって生じる物質中の電気分極 P を計算することで，屈折率 n の振動数依存性を定式化しよう．物質を構成する原子あるいは分子のモデルとして，電子がバネによって原子核に固定されているモデルを考える（ローレンツモデルと呼ばれる）．電子の運動方程式は座標 z，質量 m，電荷 q を用いて次のように書ける．

$$m \frac{d^2 z}{dt^2} = -m \omega_0^2 z + qE \qquad \text{(付録-3.3)}$$

ここで，バネの固有角振動数を ω_0 とした．外場 $E = E_0 \sin \omega t$ の波を考えて，$z = z_0 \sin \omega t$ の形の解を探すと次式が得られる．

$$z_0 = \frac{qE_0}{m} \frac{1}{\omega_0^2 - \omega^2} \qquad \text{(付録-3.4)}$$

体積 V の中にある原子の数を N 個とすると，外場によって生じる電気分極 P_0 は，

$$P_0 = \frac{q^2 E_0 N}{mV} \frac{1}{\omega_0^2 - \omega^2} \qquad \text{(付録-3.5)}$$

となる．$\epsilon \epsilon_0 E = \epsilon_0 E + P$ に代入して計算すると，

$$\epsilon = 1 + \frac{q^2 N}{\epsilon_0 mV} \frac{1}{\omega_0^2 - \omega^2} \qquad \text{(付録-3.6)}$$

$$\equiv 1 + \frac{\omega_p^2}{\omega_0^2 - \omega^2} \qquad \text{(付録-3.7)}$$

この式から，ローレンツモデルにおける屈折率の分散式が次のように得られる．

$$n(\omega) = \sqrt{1 + \frac{\omega_p^2}{\omega_0^2 - \omega^2}} \qquad \text{(付録-3.8)}$$

ここで $\omega_p^2 = q^2 N / \epsilon_0 m V$ と定義した．

　マクスウェルの方程式では，原子や分子といったミクロな要素を空間的に平均し（物質を連続体としてとらえ），ϵ や μ というマクロなパラメータとして物質を表現する．一方，光が物質に入射したとき何が起きるのかを詳しく考えようとすれば，上のような原子に関してのミクロなモデルが必要になる．

　光の電場は物質を構成する原子に含まれる電子を振動させる．振動する電子（電気分極）は二次波と呼ばれる電磁波を放出するが，その電場は入射電場と重なって新しい場を形成する．屈折率はその効果を取り込んで，物質中の電場を表現するパラメータであるといえる．

きそぶつりがくじっけん
基礎物理学実験

2019 年 9 月 20 日　第 1 版　第 1 刷　発行
2024 年 2 月 25 日　第 1 版　第 6 刷　発行

編　者　　大阪大学物理教育研究会
発 行 者　　発田和子
発 行 所　　株式会社　学術図書出版社

〒113−0033　　東京都文京区本郷 5 丁目 4 の 6
TEL 03−3811−0889　　振替　00110−4−28454
印刷　三和印刷 (株)

© 2019　大阪大学物理教育研究会　Printed in Japan
ISBN978−4−7806−1211−0　　C3042

欠席届（1）

届出日付	年　月　日
欠席部門	オリ　医、理　基礎工、工
	火 K1　水 K2　木 K3　金　　A　B　C　D　E　F
欠席者名（楷書で記入）	
欠席日時	月　日　曜　時限
欠席事由	□病気　□交通事故　□忌引　□その他
事由の詳細（病名、件名など）	
証明欄（可能な場合）	
上に相違ありません（届出者自署）代人の場合その氏名	受理者印　　月　日

本票は基礎物理学実験のみに有効

欠席届（2）

届出日付	年　月　日
欠席部門	オリ　医、理　基礎工、工
	火 K1　水 K2　木 K3　金　　A　B　C　D　E　F
欠席者名（楷書で記入）	
欠席日時	月　日　曜　時限
欠席事由	□病気　□交通事故　□忌引　□その他
事由の詳細（病名、件名など）	
証明欄（可能な場合）	
上に相違ありません（届出者自署）代人の場合その氏名	受理者印　　月　日

本票は基礎物理学実験のみに有効

欠席届（3）

届出日付	年　月　日
欠席部門	オリ　医、理　基礎工、工
	火 K1　水 K2　木 K3　金　　A　B　C　D　E　F
欠席者名（楷書で記入）	
欠席日時	月　日　曜　時限
欠席事由	□病気　□交通事故　□忌引　□その他
事由の詳細（病名、件名など）	
証明欄（可能な場合）	
上に相違ありません（届出者自署）代人の場合その氏名	受理者印　　月　日

本票は基礎物理学実験のみに有効

注意事項
(1)欠席の場合この用紙に記入してCISに届出ること。
(2)届出は本人とし、自署すること。
(3)なお本文第1編 III−3項参照。
(4)受理者欄にはなにも記入しないこと。

全学教育推進機構実験棟(北棟)

4階

E′ E

CIS

階段

F

↓ 実験棟南棟へ

5階

A A′

B

階段

D C

↓ 実験棟南棟へ